高职机械类
精品教材

Pro/ENGINEER Wildfire 5.0
技术应用项目式教程

PRO/ENGINEER WILDFIRE 5.0
JISHU YINGYONG
XIANGMUSHI JIAOCHENG

主　编　吴　林　刘先梅　李　刚

副主编　权秀敏　姚　群　薛颖操

编写人员（以姓氏笔画为序）

刘先梅　权秀敏　李　刚

吴　林　吴　焱　姚　群

薛颖操

中国科学技术大学出版社

内 容 简 介

本书介绍了 Pro/ENGINEER Wildfire 5.0（最新野火版）的基本使用方法。主要内容包括：草图绘制、三维实体特征绘制、曲面特征绘制、装配设计、工程图绘制等。本书的编者都具有多年教学经验和生产一线实践经验，本书内容由浅入深，紧贴生产实际，可供教学和设计参考之用。

本书的编写采用项目导入任务驱动方式，在每个任务中详细讲解了相关指令的使用，穿插介绍了作者在实践中总结的实用作图技巧和经验。本书注意在引导读者完成学习任务的同时，培养读者良好的设计作图规范，注重培养作图思路的形成和开发，为读者进一步的技能发展打下良好的基础。

本书适用于高职高专学校机械、机电、模具、数控、电子等专业 CAD/CAM 应用或计算机辅助设计等课程，可供培训机构作为培训教材使用，也可作为工程技术人员的参考资料。

图书在版编目(CIP)数据

Pro/ENGINEER Wildfire 5.0 技术应用项目式教程/吴林,刘先梅,李刚主编. —合肥：中国科学技术大学出版社,2013.8(2016.7 重印)

ISBN 978-7-312-03251-6

Ⅰ. P⋯　Ⅱ. ①吴⋯ ②刘⋯ ③李⋯　Ⅲ.机械设计—计算机辅助设计—应用软件—教材
Ⅳ. TH122

中国版本图书馆 CIP 数据核字(2013)第 170519 号

出版　中国科学技术大学出版社
　　　安徽省合肥市金寨路 96 号,230026
　　　http://press.ustc.edu.cn
印刷　合肥市宏基印刷有限公司
发行　中国科学技术大学出版社
经销　全国新华书店
开本　787 mm×1092 mm　1/16
印张　17
字数　435 千
版次　2013 年 8 月第 1 版
印次　2016 年 7 月第 2 次印刷
定价　30.00 元

前　言

Pro/ENGINEER Wildfire 5.0(以下简称 Pro/E 5.0)是一款在业界评价极佳的全方位产品设计高端软件。它广泛应用于航天、航空、汽车、电子、模具、玩具、工业设计和机械制造等行业。该软件可实现三维设计与制造的参数驱动,功能十分强大,它集多种功能模块于一体,包含零件设计、零件装配、工程图、零件制造、钣金件设计、数控加工、模具开发与设计制造、有限元分析与运动仿真等多个模块。

目前,市场上的有关 Pro/E 5.0 的实训教程大多数都是关于软件的一些简单的功能介绍及命令讲解,让读者特别是初学者感觉无从下手,往往一本书读完了还不知道如何将各种功能命令灵活运用于实际产品设计中。本书的目的主要是培养学生建立运用 Pro/E 5.0 进行建模的思想,以训练三维建模设计技能为目标,详细介绍了 Pro/E 5.0 常用功能菜单与操作面板、零件建模、零件装配、出工程图的方法与技巧。本书主要内容包括软件环境界面介绍、二维草绘、实体建模、组件装配以及完成工程图的绘制。

本书以 Pro/E 5.0 版为软件平台,以具体的工作流程为导向,采用"教、学、做"一体化的项目教学方式构建内容,工学结合。本书共包含 14 个教学项目任务,每个项目都由知识目标、能力目标、项目导入、项目分析、项目知识、项目实施、知识拓展、实战练习等部分构成。项目的知识与能力目标部分说明了本项目的实施意义;项目导入部分给出了项目任务对象;项目分析部分给出了分析思路;项目知识部分说明了完成该项目任务所需要的一切准备知识;项目实施部分给出了完成本项目具体、详细的操作过程,将相关命令操作、设计思路与技巧有机地融为一体;知识拓展部分将与本项目实施过程中设计方法类似的方法与思路总结出来,同时也会介绍与项目有关的延伸知识点;实战练习部分则为读者提供了适量的与项目任务内容难度相当的课后习题。每个项目案例都来源于实际的生产和研发设计。本书编者有多年教学和实践经验,现把这些学习和工作的经验与技巧呈现出来与广大读者一起分享,希望在产品三维建模设计方面对读者有所帮助,以达到学以致用的目的。

鉴于目前各大中专院校学生学习课程多、学习时间紧,本书内容紧凑,非常适合作为大中专院校 Pro/E 5.0 课程的教材,参考学时为 60 学时左右。另外,针对如何有效地学习 Pro/E 5.0 课程,根据本书的内容作者提出以下几点建议:

(1) 结合教程,做好课前预习与课后复习工作。

(2) 按项目任务实例勤加练习,做到熟能生巧。

（3）多从身边学习与生产实际中找些实物建模设计进行练习。

（4）注重产品的结构分析和设计思想培养，多总结。

本书由六安职业技术学院吴林（编写项目1、项目2）、刘先梅（编写项目10）、安徽电子信息技术职业技术学院李刚（编写项目12、项目13、项目14）任主编，六安职业技术学院权秀敏（编写项目4、项目5、项目6）、安徽新华学院姚群（编写项目7、项目8、项目9）、薛颖操（编写项目3）任副主编，安徽工贸职业技术学院吴焱（编写项目11）参加编写。

由于时间仓促和编者水平有限，书中难免存在不足之处，恳请广大读者批评指正。

编者

2013 年 5 月

目　录

第1篇　Pro/E 5.0 入门

第 2 篇　Pro/E 5.0 基础应用

第3篇　Pro/E 5.0复杂产品造型

第①篇

Pro/E 5.0 入门

项目1 Pro/E 5.0 初体验

知识目标：

① 认识 Pro/E 5.0 软件的基本界面；

② 了解 Pro/E 5.0 软件的基本特性；

③ 掌握 Pro/E 5.0 软件核心设计思想。

能力目标：

① 能新建 Pro/E 5.0 软件类型文件；

② 会设置工作目录。

1.1　项目导入

Pro/E 5.0 是美国 PTC 公司开发的一款功能强大的 CAD/CAM/CAE 软件，其模块众多，对初学者来说，学习殊为不易。本项目将引领初学者从通过绘制一个简单长方体（图1.1）开始，了解 Pro/E 5.0 软件的启动、界面、基本特性等相关基础知识，体验 Pro/E 5.0 软件的基本操作。

注意：本书绘图尺寸的单位默认为毫米（mm）。

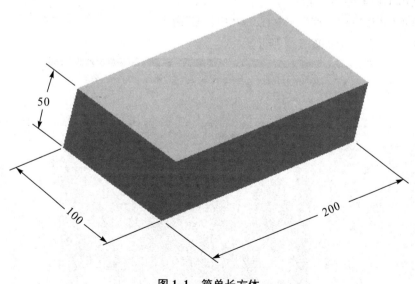

图1.1　简单长方体

1.2　项 目 分 析

Pro/E 5.0 软件和多数计算机应用软件一样,具有比较典型的 Windows 界面风格,标题栏、菜单栏、工具栏、绘图区、信息提示栏等一应俱全,通过相应的菜单栏及工具栏很快就能找到本项目对象创建所需要的绘图及编辑命令,体会参数化建模的特点。

1.3　相 关 知 识

1.3.1　Pro/E 5.0 软件简介

PTC 公司于 1985 年在美国波士顿成立,1988 年其开发的 Pro/E 一问世,即引起机械 CAD/CAE/CAM 界的极大震动,20 多年来该软件不断发展完善,目前 PTC 公司已占全球 CAID/CAD/CAE/CAM/PDM 市场份额的 43% 以上,是 CAID/CAD/CAE/CAM/PDM 领域最具有代表性的公司。

1.3.2　Pro/E 5.0 的启动方法

启动软件可以通过下列两种方式:

(1) 双击桌面上的图标 ：

(2) 单击"开始"→"程序"→"PTC"→"Pro/E"命令。

进入 Pro/E,主界面如图 1.2 所示。

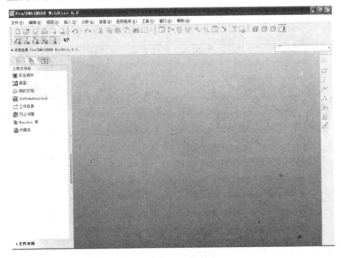

图 1.2　Pro/E 主界面

1.3.3　Pro/E 5.0 主界面介绍

图 1.3 所示是进入 Pro/E 5.0 后的界面,在界面的左侧显示硬盘的部分文件夹及部分默认的工作目录,界面的右侧则自动连接到 PTC 公司的网页,若点选文件夹或者工作目录,则网页区会转变成信息区,显示出文件夹或工作目录内的文件,如图 1.4 所示。

图 1.3　Pro/E 5.0 主界面介绍(一)

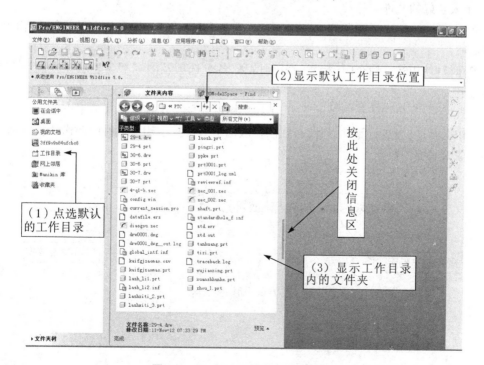

图 1.4　Pro/E 5.0 主界面介绍(二)

新建或者打开已有的零件时,界面如图 1.5 所示。此界面主要包括以下区域:

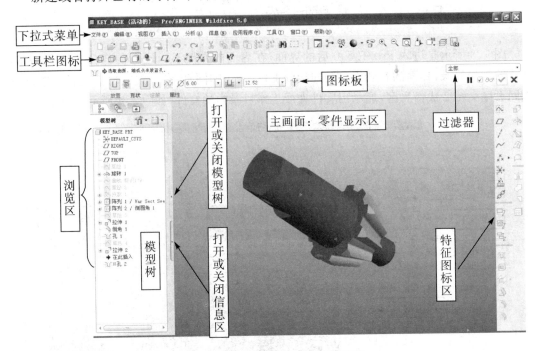

图 1.5　Pro/E 5.0 主界面介绍(三)

零件显示区:Pro/E 5.0 的主画面,显示零件的三维几何形状。

特征图标区:主画面的右侧是常用特征的图标,让用户创建实体、曲面或基准特征。

浏览区:主画面的左侧为浏览区,用以显示零件的模型树、零件的图层、各个文件夹中的文件,个人喜好的文件夹等等。

下拉式菜单:位于界面顶部,其中包含"文件"(File)、"编辑"(Edit)和"视图"(View)等标准选项。

图标板:使用特征命令时,特征的各种信息、各个选项及图标都会显示在主画面上方的图标板上。

工具栏图标:位于下拉菜单的下方,下拉菜单的功能以图标的形式显示出来。

动作提示区:当进行零件设计时,在图标板的上方会提示用户该做的动作(图 1.6),或要求用户输入必要的数据。

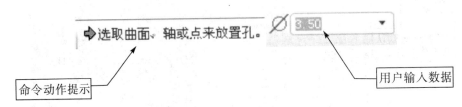

图 1.6　动作提示区

过滤器：在进行零件设计时，主界面的右上角是过滤器，可以指定预选定的几何图元，如图 1.7 所示。

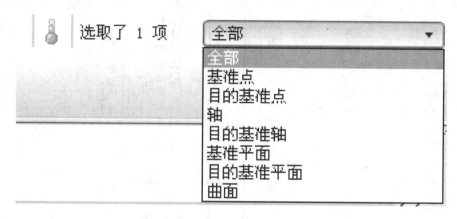

图 1.7　过滤器

1.3.4　Pro/E 主要模块组成

按工具栏上新建图标按钮 ，选择不同模块，分别出现如图 1.8、图 1.9、图 1.10、图 1.11 所示对话框，显示出 Pro/E 5.0 的各基本主要模块。

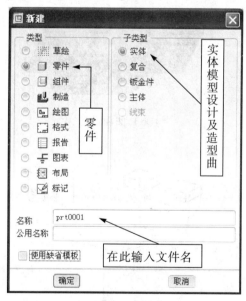

图 1.8　零件模块

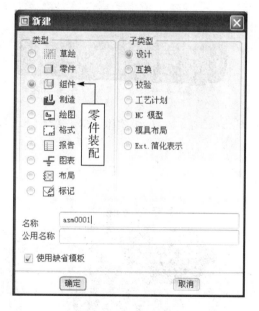

图 1.9　组件模块

包括：① 零件（实体造型、曲面设计、钣金设计等），文件扩展名为 prt。② 制造（模具、数控加工等），文件扩展名为 mfg。③ 组件，文件扩展名为 asm。④ 绘图，文件扩展名为 drw 等。

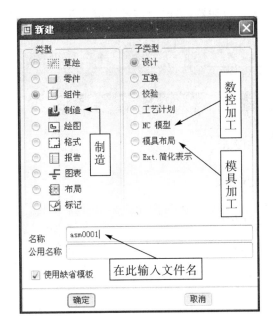

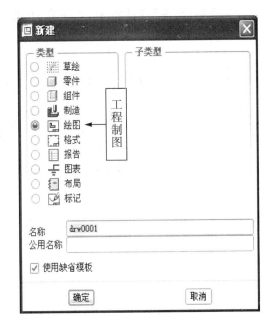

图 1.10　制造模块　　　　　　　　图 1.11　工程图模块

　　图 1.12 所示是各主要功能模块所完成的实体造型、曲面设计、钣金设计、模具设计、零件装配、工程图实例等。

（a）实体建模　　　　　　　　　　（b）曲面设计

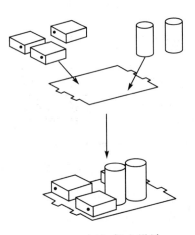

（c）模具设计　　　　　　　　　　（d）钣金设计

图 1.12　Pro/E 5.0 设计实例

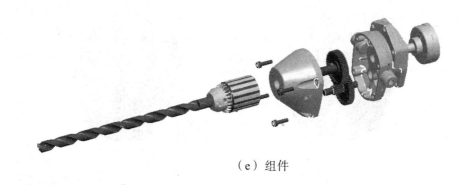

（e）组件

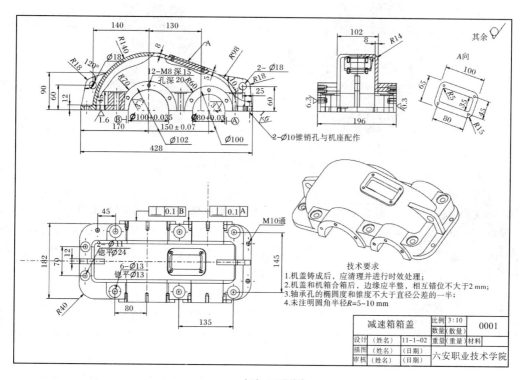

（f）工程图

图 1.12 续

1.3.5 Pro/E 5.0 的基本特性

Pro/E 这款软件的特点，可用 4 个最基本的特性来描述。

1. 基于特征的特性

Pro/E 5.0 是一款基于特征的产品开发工具。零件是使用一系列易于理解的特征构建的，而不是使用杂乱的数学形状和图元构建的，单个特征通常都很简单，但将它们组合在一起后可以构成复杂的零件和组件，如图 1.13 所示的零件是由旋转、抽壳、圆角、扫描几个特征所构成的。

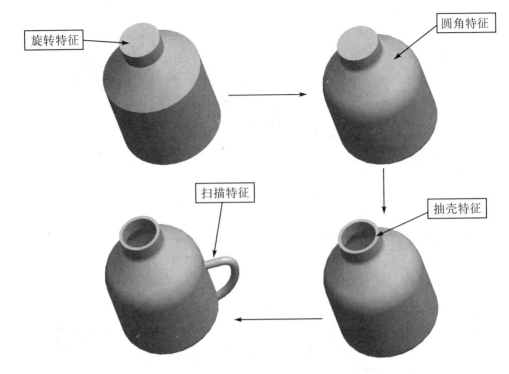

旋转特征

圆角特征

扫描特征

抽壳特征

图 1.13　零件的特征组成

实体模型切开以后里面是实体材料

图 1.14　三维实体模型

2．三维实体模型(Solid Model)

Pro/E 5.0 设计的产品,不论是采用何种设计方法,最终都是以实体模型的形式表现出来,如图 1.14所示。

3．参数化设计

模型的形状由参数和尺寸控制,当修改尺寸值时,相关的模型几何形状也随之发生变化,如图 1.15所示,活塞的高度尺寸从 18.5 变成 25,孔的直径从 5 变成 10,模型的形状随之发生变化。

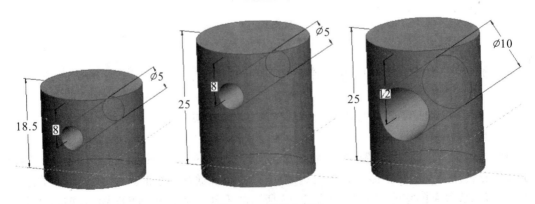

图 1.15　参数化设计

4. 单一数据库

软件具有单一数据库的特点,如图 1.16 所示活塞的高度及孔径的变化,立刻在工程图上反映出来。反过来也是一样,无论是在 3D 还是在 2D 图形上做尺寸修改,与其对应的 2D 图形和 3D 实体模型均会自动修改,同时装配、制造等相关设计也自动修改,这样就保证了设计资料的准确一致,同时避免了反复修改造成时间上的浪费,也符合现代产业中同步工程即工程数据同步化的要求。

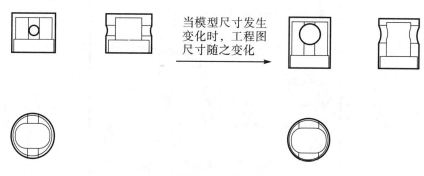

当模型尺寸发生变化时,工程图尺寸随之变化

图 1.16 单一数据库

1.4 项 目 实 施

1. 设置 Pro/E 工作目录

小提示:Pro/E 软件和其他软件不同,文件保存时会自动保存在一个设定好的目录中,打开文件时也会自动打开这个目录中的文件,而不能像其他很多软件一样可以将文件另存在自己想要的目录中,这个自动保存的目录就是 Pro/E 的工作目录。

在开始工作或新建文件之前,最要紧的事情就是设置好自己的工作目录,否则会严重影响 Pro/E 的全相关性,同时也会使文件的保存、删除等操作产生混乱。设置工作目录的一个典型示例如下:

(1) 在 D 盘新建目录 KTLX;

(2) 双击桌面上的图标,打开 Pro/E 软件;

(3) 选择菜单"文件"→"设置工作目录"命令;

(4) 在弹出的"选取工作目录"对话框中选取 D 盘新建的目录,即"D:"\"Ktlx";

(5) 单击"确定"按钮。

完成以上操作后,目录"D:\Ktlx"即变成当前工作目录,在信息区将显示:"成功地改变到 Ktlx 目录"。将来文件的创建、保存、打开、删除等操作都将在该目录中进行。

小提示:这样设置的工作目录只是临时工作目录,当 Pro/E 软件或计算机关闭并重新启动 Pro/E 软件时,这个设置的工作目录即失效,需要重新设定。这个设定工作目录的方法主要用在一些公众场合或借用别人的计算机时。还有一种方法就是设定永久工作目录,方法如下:

右击桌面图标,在弹出的快捷菜单中选择"属性"命令。

如图 1.17 所示,在弹出的"Pro/E 属性"对话框中,单击"快捷方式"标签,然后在"起始位置"文本栏中输入"D:\Ktlx",这个目录也叫做 Pro/E 的系统启动目录。

图 1.17　"Pro/E 属性"对话框

2．新建文件

单击工具栏中的新建按钮，在弹出的"新建"对话框(图 1.18)中选择"零件"类型,单击"使用缺省模板"复选框取消选中标志,在"名称"栏输入新建文件名"BOX",打开"新文件选项"对话框(图 1.19),选择"mmns_part_solid"模板,按下"确定"按钮,进入三维零件绘制环境。

图 1.18　"新建"对话框

图 1.19　"新文件选项"对话框

在三维零件绘制环境中,默认的基准平面(FORNT、TOP、RIGHT)坐标系(PRT_CSYS _DEF)如图 1.20 所示。

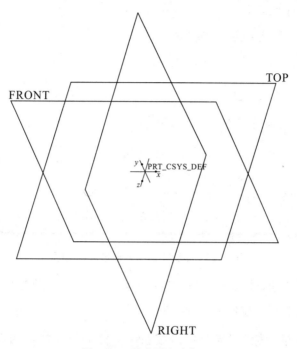

图 1.20　基准面和坐标系

3. 通过创建拉伸特征构造长方体零件

(1) 单击 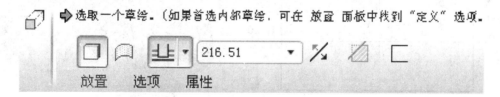 ,打开拉伸特征操控板,如图 1.21 所示。

图 1.21　拉伸特征操控板

(2) 单击"拉伸特征操控板"上的"放置"按钮,出现如图 1.22 所示对话框。

图 1.22　对话框

(3) 选择 TOP 平面作为基准平面,参照面及方向为缺省(此处为 RIGHT 基准面),如图 1.23所示。

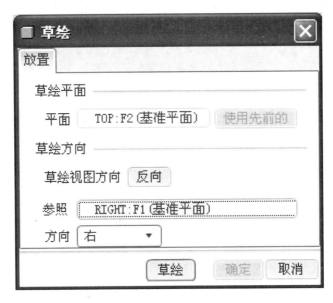

图 1.23　草绘平面与方向选择对话框

（4）单击"草绘"按钮，进入草绘环境，绘制如图 1.24 所示二维矩形截面。

（5）单击 ✔ 按钮，返回拉伸特征操控板。

（6）在数值编辑框中输入"50"，单击按钮 ✔ ，完成拉伸特征的创建，结果如图 1.25 所示。

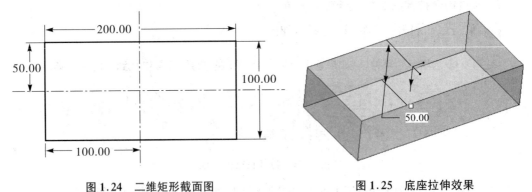

图 1.24　二维矩形截面图　　　　　图 1.25　底座拉伸效果

4. 文件保存

单击菜单"文件"→"保存"命令，保存当前模型文件。

5. 模型显示方式改变

单击"模型显示"工具栏上的显示方式按钮，如图 1.26 所示，即可改变模型的显示方式。

6. 模型视角方式改变

单击"视图"工具栏上的视图控制按钮，弹出如图 1.27 所示"视图列表"对话框，在其中单击需要的视角类型，绘图区的图形就会转换到指定的视角。

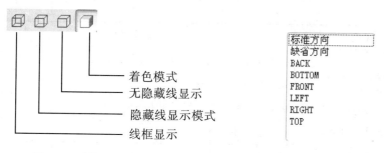

| 图 1.26 "模型显示"模式按钮 | 图 1.27 "视图列表"对话框 |

7．鼠标操作

（1）向上滚动鼠标中键可以缩小零件模型；

（2）向下滚动鼠标中键可以放大零件模型；

（3）按住鼠标中键后拖动鼠标，可以对零件模型进行旋转；

（4）同时按下 Shift 键和鼠标中键后拖动鼠标，可以对零件进行平移。

1.5 知识拓展——Pro/E 5.0 软件常用模块与新功能

1．Pro/E 5.0 软件常用模块的功能

Pro/E 5.0 软件模块很多，机械专业常用模块及其功能如表 1.1 所示。

表 1.1　Pro/E 5.0 软件常用功能模块

常用模块	基本功能
Pro/E 5.0 基本模块 （Foundation）	基于参数化零件设计
	基本装配功能
	钣金设计
	工程设计及二维图绘制
	自动生成相关图纸明细表
	焊接模型建立及文本生成
复杂零件的曲面设计模块 （Advanced Surface Extension）	参数化曲面建立
	逆向工程工具(三坐标测量机)
	直接的曲面建立工具
	强大的曲线曲面分析功能
复杂产品的转配设计模块 （Advanced Assembly Extension）	将设计数据及项目传给不同功能模块设计队伍的强大工具
	大装配的操作及可视化能力
	装配流程的生成
	定义及文本生成

常用模块	基本功能
运动仿真模块 (Motion Simulation Option)	Pro/Mechanica 机构运动性能的仿真
	运动学及动力学分析
	凸轮、滑槽、摩擦、弹簧、冲击分析及模拟
	干涉及冲突检查
	载荷与反作用力
	参数化优化结果研究
模具设计模块 (Tool Design Option)	由设计模型直接拆分模具型腔
	标准模架导柱导管
	与注射分析集成
	BOM(材料清单)及图样自动生成
数控编程模块 (Production Machining Option)	多曲面 4 轴数控编程
	5 轴数控车床及 5 轴电加工编程
	提供机床低级控制指令
	精确材料切削仿真
	智能化生成工艺流程及工艺卡片
	所有机床后处理

2. Pro/E 5.0 新功能简介

(1) 新版 Pro/E 5.0 支持多种强化功能,能协助使用者克服主要障碍并提高设计产能:

· 加速并简化设计变更。

· 十倍速提升产能。

· 多重 CAD 环境加速设计。

· 紧密集成的最新 Pro/E 5.0 应用程序。

· 创新的社交产品研发功能,可以提高协同合作的效率。

(2) Pro/E 5.0 新版本中有多种提高个人效率的新功能:

· 快速草绘工具——该工具减少了使用和退出草绘环境所需的点击菜单次数,它可以处理大型草图,使系统性能提高 80% 之多。

· 快速装配——流行的用户界面和最佳装配工作流程可以大大提高装配速度,速度快了 5 倍,同时,支持 Windows XP 64 位系统允许处理超大型部件装配。

· 快速制图——这一给传统 2D 视图增加着色视图的功能有助于快速阐明设计概念和清除含糊内容,对制图环境的改进将效率提高了 63%。

· 快速钣金设计——捕捉设计意图功能使用户能以比以往快 90% 的速度建立钣金特征,同时能将特征数目减少 90%。

· 快速 CAM——制造用户接口增强功能加快了制造几何图形的建立速度,比之前快了 3 倍。

（3）流程效率是 Pro/E 5.0 改进的又一个方面，其重要功能包括：

·智能流程向导——系统新增的可自定义流程向导蕴涵了丰富的专家知识，它让用户能够针对不同流程来选用专家的最佳解决方案。

·智能模型——把制造流程信息内嵌到模型中，该功能让用户能够根据制造流程比较轻松地完成设计，并有助于形成最佳实践。

·智能共享——新推出的便携式工作空间可以记录所有修改过、未修改过和新建的文件，它可以简化离线访问 CAD 数据工作，有助于改善与外部合作伙伴的协作。

·与 Windchill® 和 Pro/Intralink® 的智能互操作性——重要项目的自动报告。项目只有在发生变更时才快速检出以及新增的模型树中的报告数据库状态的状态栏，提供了一个高效的信息访问过程。

1.6　实　战　练　习

（1）如何修改软件背景颜色和实体模型颜色？

（2）新建文件前，为何要设置工作目录及如何设置？

项目 2 Pro/E 5.0 基本操作

知识目标：

① 认识硬盘及进程中的文件；

② 掌握打开、保存、拭除、删除文件一般步骤；

③ 掌握 Pro/E 5.0 视图基本操作方法。

能力目标：

① 能区分拭除与删除文件的不同；

② 能将三维视图转为所需的二维视图。

2.1 项 目 导 入

Pro/E 5.0 软件功能强大，与传统的 Windows 风格软件相比，在操作上有很大的不同。进入基本模块后，首先要知道一些常用的基本操作。本项目将从文件管理、鼠标和键盘的操作、视图与显示等基本操作入手带领读者认识 Pro/E 5.0 软件的操作特点。

具体分为：

(1) Pro/E 5.0 中的文件管理；

(2) 利用鼠标和键盘实现模型的定向。

2.2 项 目 分 析

在项目 1 中，我们认识了 Pro/E 5.0 的基本模块及如何进入"建模"界面。为了更好地应用软件，管理操作各类型文件就十分重要。本项目就从文件的新建、保存、拭除、删除等操作实例演练开始，同时实例介绍"建模"环境下模型显示控制的相关操作。

2.3 相 关 知 识

2.3.1 文件操作

"文件"菜单主要用于常用的文件操作。Pro/E 5.0 中的文件与其他软件有所差异，下面重点介绍其中常用的操作。

1. 新建文件

选择"文件"|"新建"命令,将打开"新建"对话框,用于选择不同的项目类型进行设计,如图2.1所示,各个类型的用途已在项目1中介绍过。

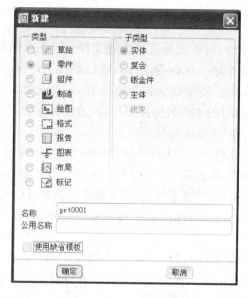

图2.1 "新建"对话框

小提示:在为新文件命名时,不能使用中文字符,通常使用"见名知意"的英文单词,同时文件名中也不能有空格,如果名字过长,可以在字母间用"_"等字符隔开。

2. 打开文件

选择"文件"|"打开"命令,系统将弹出"文件打开"对话框,如图2.2所示。启动Pro/E

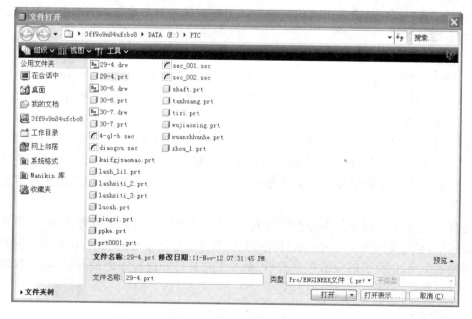

图2.2 "文件打开"对话框

5.0 软件后系统处理过的文件都将保留在进程中,直到用户关闭软件或者将文件从进程中拭除为止,拭除的方法在后面会有介绍。

小提示:工作目录是指系统在默认的情况下存取和读取文件的目录,工作目录在软件安装时设定,也可以选择"文件"|"设置工作目录"命令重设工作目录。这时系统会自动切换到该目录,进行文件存取工作。

3. 保存文件

选择"文件"|"保存"命令,可以选择路径保存文件。第一次保存文件时,在默认情况下都保存在工作目录中,并且在第一次保存文件时可以更换文件保存位置。再次保存只能保存在原来的位置。如果确实需要更换文件保存路径,可以选择"文件"|"保存副本"命令。Pro/E 5.0 只能用新建文件时的文件名保存文件,不允许保存时更改文件名,如果确实需要更改文件名,可以选择"文件"|"重命名"命令。

注意:Pro/E 5.0 保存文件时,每执行一次存储操作,并不是简单地用新文件覆盖旧文件,而是在保留前期版本的基础上新增一个文件。在同一设计项目中,多次存储的文件将在文件名尾添加序号加以区别,序号数字越大,版本越新。例如,同一设计中的某一零件经过 3 次保存后的文件名分别为 prt005. prt. 1、prt005. prt. 2、prt005. prt. 3。

4. 保存文件副本

选择"文件"|"保存副本"命令可以将当前文件以指定的格式保存到另一个存储位置,此时系统将弹出"保存副本"对话框。首先设定文件的存储位置,然后在"类型"下拉列表中选取保存文件的类型,即可输出文件副本。

注意:保存副本时,可以在"类型"列表中选取不同的输出文件格式,这是 Pro/E 5.0 系统与其他 CAD 系统的一个文件格式的接口,可以方便地进行文件格式转换。例如,可以把二维文件输出为能被 Auto CAD 系统识别的. dwg 文件,把实体模型文件输出为能被虚拟现实语言 VRML 识别的. wrl 文件。

5. 备份文件

选择"文件"|"备份"命令可以将当前文件保存到另一个存储目录。要养成经常备份的习惯,防止资料丢失。

6. 重命名文件

选择"文件"|"重命名"命令可以重新命名当前模型。在磁盘上和进程中重命名时,将同时对进程和磁盘上的文件重命名。这种更改文件名称的方法将彻底修改文件的名称。

7. 拭除文件

选择"文件"|"拭除"命令可以从进程中清除文件。拭除文件时,系统提供了两个命令。选择"当前"命令将从进程中清除当前打开的文件,同时关闭当前设计界面,但是文件仍然保存在磁盘上;选择"不显示"命令将清除系统曾经打开,现在已经关闭,但是仍然驻留在进程中的文件。

注意:从进程中拭除文件的操作很重要,打开一个文件并对其进行修改后,即使并未保存修改结果,但是关闭该文件再重新打开得到的文件却是修改过的版本,这是因为修改后的文件虽然被关闭,但是仍然保留在进程中,而系统总是打开进程中的最新版本,只有将进程中的文件拭除后,才能打开修改前的文件。

8. 删除文件

选择"文件"|"删除"命令可以将文件从磁盘上彻底删除。删除文件时,系统提供了两个

命令:选择"旧版本"命令,系统将保留该文件的最新版本,删除其余所有早期的版本;选择"所有版本"命令,系统将彻底删除该模型文件的所有版本。

2.3.2　视图显示控制

在操作的时候,为了看清所画的模型,必须随时视需要来开关模型的各种显示方式。

1. 设置模型显示

按工具栏上的按钮 ▢▢▢▢◪ ⚈ ,在图形窗口中会出现 5 个不同的 3D 模型显示选项,如表 2.1 所示。

表 2.1　模型显示选项

模型显示选项	功　能
"着色"(Shading) ▱	根据视图方向对模型进行着色。隐藏线在着色视图显示中不可见
"消隐"(Nohidden) ▱	不显示模型中的隐藏线
"隐藏线"(Hiddenline) ▱	缺省情况下,以稍深于可见线的颜色来显示模型中的隐藏线
"线框"(Wireframe) ▱	隐藏线显示为常规线,即所有线的颜色均相同
"增强的真实感开关" ⚈	模型开关打开,增强模型的显示效果

2. 设置基准显示

基准图元是用于构建特征几何、定向模型、标注尺寸、测量以及装配的 2D 几何参照。有 4 种主基准类型:基准平面、基准轴、基准点、坐标系,可通过使用主工具栏中的图标 ▱▱▱▱▱ 来独立地控制每种基准类型的显示及注释特征的显示,如表 2.2 所示。

表 2.2　基准显式

基准显示	功　能
"平面显示"(Plane Display) ▱	启用/禁用基准平面显示
"轴显示"(Axis Display) ⁄	启用/禁用基准轴显示
"点显示"(Point Display) ✕	启用/禁用基准点显示
"坐标系显示"(Csys Display) ✕	启用/禁用基准坐标系显示
"注释特征显示"(Notes Display) ▱	启用/禁用注释特征显示

2.3.3　视图控制

在模型建立的过程中从不同角度观察模型的几何形状是必不可少的操作。下面我们将介绍两种基本的定向操作:

1. 使用键盘和鼠标组合进行定向

使用键盘和鼠标组合进行定向的方法见表 2.3。

表 2.3

鼠标和键盘		操作方法	功　能
		按住鼠标中键不放	移动鼠标即可使图元旋转
	⇧ Shift	鼠标中键＋Shift 键	按住鼠标中键不放,同时按住键盘的 Shift 键移动鼠标,可平移图元
	Ctrl	鼠标中键＋Ctrl 键	按住鼠标中键不放,同时按住键盘的 Ctrl 键上下移动鼠标,可缩放图元
	Ctrl	鼠标中键＋Ctrl 键	按住鼠标中键不放,同时按住键盘的 Ctrl 键左右移动鼠标,可转动图元

2. 使用鼠标和键盘组合进行图元缩放级别控制

使用键盘和鼠标控制的方法见表 2.4。

表 2.4

鼠标和键盘		操作方法	功　能
		上下滚动鼠标中键	往上滚动鼠标中键,缩小图元;往下滚动鼠标中键,放大图元
	⇧ Shift	上下滚动鼠标中键＋Shift→中键	上下滚动鼠标中键,同时按住键盘的 Shift 键,可实现图元的精确缩放
	Ctrl	上下滚动鼠标中键＋Ctrl→中键	上下滚动鼠标中键,同时按住键盘的 Ctrl 键,可实现图元的粗略缩放

3. 附加定向选项

除了使用键盘和鼠标组合进行定向以外,也可以使用下列附加模型定向选项(表 2.5)。

表 2.5

附加定向选项	功　能
标准方向(D)　　　Ctrl+D 上一个(P) 重新调整(F) 重定向(O)... 活动注释方向(N) 定向模式(M) 定向类型(T)	将模型恢复为上一个显示的方向,方法为单击"视图"(View)|"方向"(Orientation)|"上一个"(Previous)。
"重新调整"(Refit)	重新调整模型方向使其全部显示在屏幕上

附加定向选项	功　能
"已命名的视图列表"(Named View List) 标准方向 缺省方向 3D BACK BOTTOM FRONT LEFT RIGHT TOP	显示可用于给定模型的已保存视图方向的列表。选取所需的已保存视图的名称,然后模型即会重新定向为所选的视图。缺省 Pro/E 5.0 模板随附了以下视图: • 标准方向(Standard Orientation):初始 3D 方向,该方向不能改变。 • 缺省方向(Default Orientation):类似于"标准方向",但可将其方向重新定义为另一个方向。 • BACK、BOTTOM、FRONT、LEFT、RIGHT 和 TOP
"旋转中心"(SpinCenter)	启用和禁用旋转中心。启用时,模型将围绕旋转中心的位置旋转。禁用时,模型围绕光标所在位置旋转。在定向某一较长的模型(如轴)时,禁用旋转中心可能会比较有用

4. 零件的方向

按工具栏图标 后,在模型上选取两个相互垂直的平面,并确定平面的指向,即可设置零件的前视图、俯视图、右侧视图等常用视图,然后在方向(Orientation)对话框下保存视图,输入视图名称,例如,在图 2.3 中,点选长方体的正面和顶面,使正面朝前,顶面向上,则零件由立体图变成主视图,然后将此图保存为 Myfront 的名称;在图 2.4 中,点选长方体的顶面和右侧面,使顶面朝上,右侧面朝前,则零件由立体图变成右视图;在图 2.5 中,点选上面和右面,使上面朝前,右面朝右,形成俯视图。

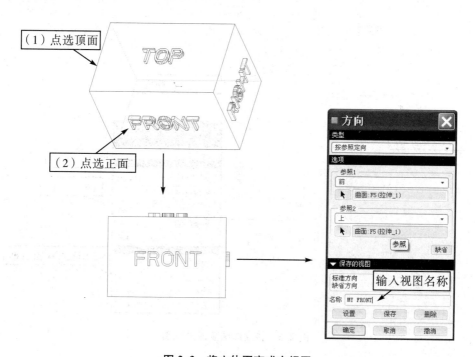

图 2.3　将立体图变成主视图

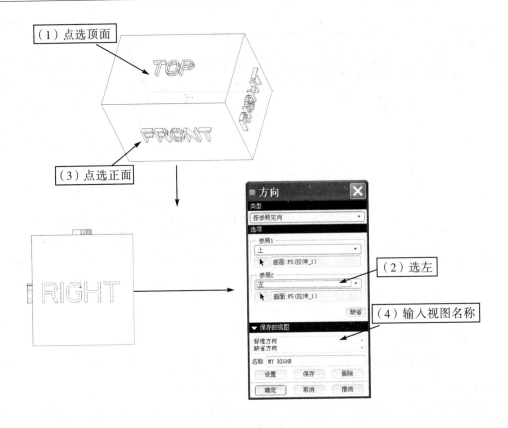

图 2.4　将立体图变成右侧视图

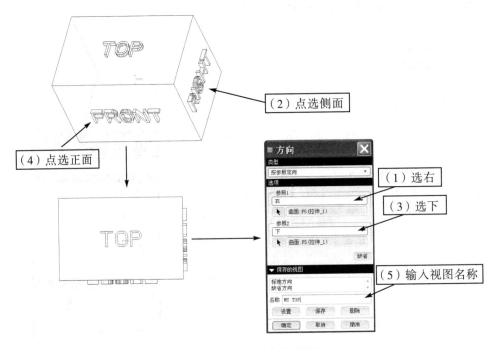

图 2.5　将立体图变成顶视图

2.4　项 目 实 施

2.4.1　Pro/E 5.0 中的文件管理

1. 设置工作目录

将光盘上的项目 1 文件夹 Intro_Pro/E_WF5 拷到硬盘 F 盘上,设置工作目录,如图 2.6 所示。

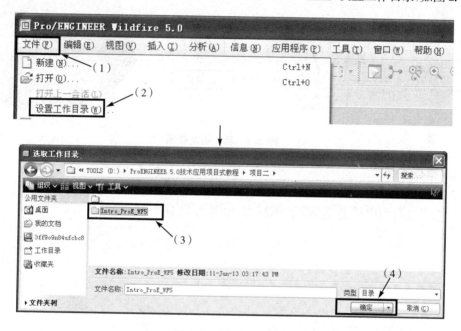

图 2.6　设置工作目录

2. 打开零件

按工具栏上的图标 ,打开 Intro_Pro/E_WF5 文件夹,选取零件:nut. prt→按 打开 ,
零件如图 2.7 所示。其中主窗口左侧为零件的模型树,如图 2.8 所示,记录零件所含特征。

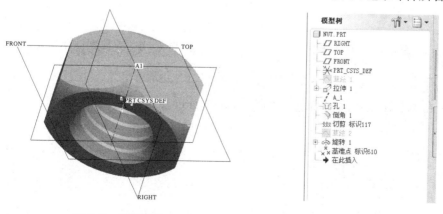

图 2.7　打开零件　　　　　　　　　　**图 2.8　模型树**

3. 关闭基准特征

将工具栏上的按钮图标 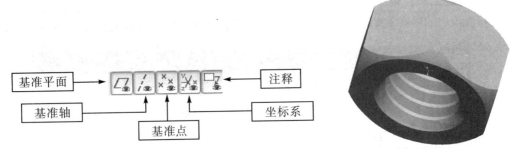，分别弹起来，变成 状态，零件如图 2.9 所示，所有的基准都被关闭了。

小提示：基准图元是用于构建特征几何、定向模型、标注尺寸、测量以及装配的 2D 几何参照。有 4 种主基准类型：基准平面、基准轴、基准点、坐标系。可通过使用主工具栏中的图标来独立地控制每种基准类型的显示。

基准平面 →

基准轴

基准点

坐标系

← 注释

图 2.9　基准显示关闭

4. 编辑模型显示

(1) 在主工具栏中单击"消隐"图标，如图 2.10 所示；

(2) 在主工具栏中单击"隐藏线"图标，如图 2.11 所示；

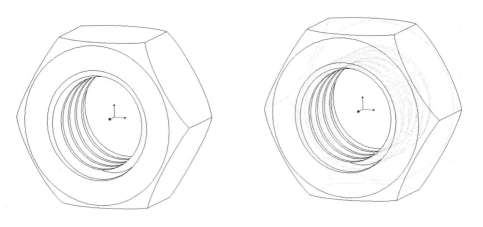

图 2.10　"消隐"显示　　　　**图 2.11　"隐藏线"显示模式**

(3) 在主工具栏中单击"线框"图标，如图 2.12 所示；

(4) 在主工具栏中单击"着色"图标，如图 2.13 所示。

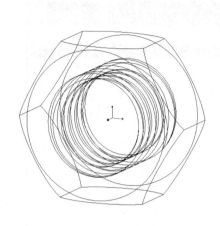

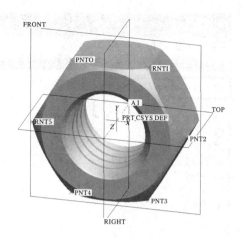

图 2.12　"线框"显示模式　　　　　**图 2.13　"着色"显示模式**

5. 打开零件 key_base. prt 及组件 chuck_key. asm

（1）按工具栏上的图标 🔗→选取零件 key_base. prt→按 ⌈ 打开 ▾⌋,零件如图 2.14 所示；

（2）按工具栏上的图标 🔗→由文件夹 01_asm 选取组件 chuck_key. asm→按 ⌈ 打开 ▾⌋,组件如图 2.15 所示。

图 2.14　零件 key_base. prt　　　　**图 2.15　组件 chuck_key. asm**

6. 关闭窗口使每一个零件或者组件从显示窗口消失

（1）按下拉菜单"窗口"下的 ⌧关闭(C) →组件 chuck_key. asm 从显示窗口消失；

（2）按下拉菜单"窗口"下的 ⌧关闭(C) →零件 key_base. prt 从显示窗口消失；

（3）按下拉菜单"文件"下的 ⌧关闭(C) →零件 nut. prt 从显示窗口消失。

7. 从进程中打开零件

（1）按工具栏上的图标 🔗,出现"文件打开"对话框,如图 2.16 所示；

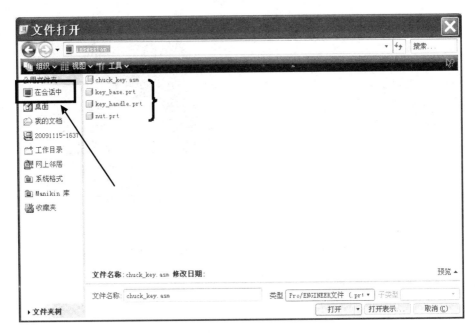

图 2.16　"文件打开"对话框

（2）从进程中选中零件 key_base. prt,点 ［打开 ▾］,零件显示在主窗口;

（3）从进程中选中零件 key_handle. prt,点 ［打开 ▾］,零件显示在第二个窗口。

8. 将没有显示在窗口中的文件从进程中删除

按下拉菜单"文件"下的 ［拭除(E)］→｜ ✎不显示(D)］→出现如图 2.17 所示"拭除"对话框→按 ［确定］→组件及所含零件从进程中消失。

图 2.17　"拭除"对话框

9. 保存文件及删除旧本版本的文件

（1）保存文件 key_handle. prt,按工具栏上保存文件的图标 ▭ →默认的文件名为 key_handle. prt,按 ［确定］;

（2）再次保存文件 key_handle. prt →按工具栏上保存文件的图标 ▭ →默认的文件名 为 key_handle. prt,按 ［确定］;

（3）打开资源管理器发现，在文件夹 01_asm 中多了两个文件 key_handle. prt. 2 和 key_handle. prt. 3，如图 2.18 所示；

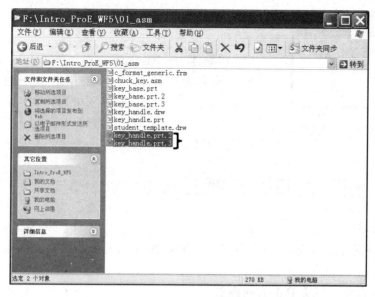

图 2.18　新版本文件显示

（4）按下拉菜单"文件"下的删除（D）→旧版本（O）→出现信息窗口，如图 2.19 所示；

图 2.19　"删除旧版本"信息框

（5）点击 ✓ ，原先保存的所有旧版本都移除了，只留下最后存盘的版本，如图 2.20 所示。

图 2.20　旧版本删除显示

10. 将屏幕中的文件 key_handle.prt 从进程中删除

(1) 按下拉菜单"文件"下的拭除(D)→当前(c)→出现信息窗口,如图 2.21 所示;

(2) 点击 是,当前窗口的文件,就从进程中移除了,且从屏幕上消失。

11. 将零件 key_base.prt 保存为新零件

按下拉菜单"文件"下的保存副本→输入新文件名 key_base_new.prt(此处文件名不能与原文件名相同)→按下拉菜单"文件"下的拭除(D)→当前(c),将 key_base.prt 从进程中删除,项目完成。

图 2.21　"拭除确认"对话框

2.4.2　利用鼠标和键盘实现模型的定向

1. 打开素材文件

打开随书光盘,打开\Intro_Pro/ENGINEER Wildflre5.0_WF5\Module_03\Basic_3D _Orientation1\orient.asm。

2. 将标准方向调整成 TOP 方向视图

在主工具栏中单击"已命名的视图列表"(Named View List),然后选取 TOP,模型的方向变成图 2.22 所示。

3. 将 TOP 方向视图变成 LEFT 方向视图

在主工具栏单击"已命名的视图列表"(Named View List),然后选取 LEFT,模型的方向变成图 2.23 所示。

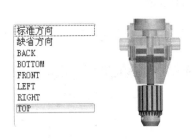

图 2.22　TOP 方向视图

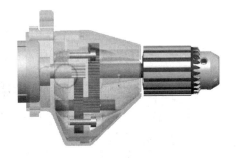

图 2.23　LEFT 方向视图

4. 将 LEFT 方向视图变成缺省方向视图

在主工具栏单击"已命名的视图列表"(Named View List),并选取"缺省方向"(Default Orientation),如图 2.24 所示。

5. 旋转组件

(1) 通过单击鼠标中键并拖动来旋转组件;

(2) 再次在不同的方向上旋转组件;

(3) 在第三个方向上旋转组件;

(4) 单击"已命名的视图列表"(Named View List),并选取"标准方向"(Standard Orientation);

图 2.24　缺省方向视图

（5）在主工具栏中单击"旋转中心"（Spin Center），以将其禁用；

（6）将光标置于组件下部 chuck 2. prt 附近的位置，然后旋转组件；

（7）在主菜单中单击"视图"（View）→"方向"（Orientation）→"上一个"（Previous）；

（8）将光标置于组件的上部，然后旋转组件，请注意，旋转中心即为光标位置，如图 2.25 所示；

（9）单击主工具栏中的"旋转中心"（Spin Center），以将其启用。

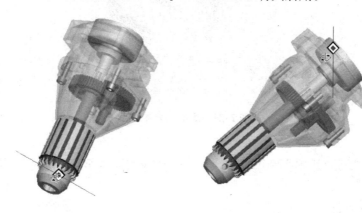

图 2.25 旋转组件

6. 平移并转动组件

（1）按住 Shift 键，然后单击鼠标中键并拖动以平移组件；

（2）单击"已命名的视图列表"（Named View List），并选取"标准方向"（Standard Orientation）；

（3）按住 Ctrl 键，然后单击鼠标中键并向左侧拖动以逆时针转动组件；

（4）按住 Ctrl 键，然后单击鼠标中键并向右侧拖动以顺时针转动组件，如图 2.26 所示。

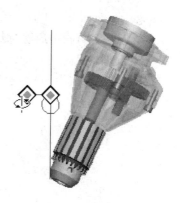

图 2.26 平移并旋转组件

7. 利用鼠标和键盘进行模型缩放

（1）单击"已命名的视图列表"（Named View List），并选取"标准方向"（Standard Orientation）；

（2）按住 Ctrl 键，然后单击鼠标中键并向上拖动以缩小；

（3）按住 Ctrl 键，然后单击鼠标中键并向下拖动以放大；

（4）将鼠标滚轮向远离自身的方向滚动可缩小，将鼠标滚轮朝自身方向滚动可放大；

（5）按住 Ctrl 键，然后将鼠标滚轮向远离自身的方向滚动可进行粗糙缩小；

（6）按住 Shift 键，然后将鼠标滚轮朝自身方向滚动可进行精细放大；

（7）单击"已命名的视图列表"（Named View List），并选取"标准方向"（Standard Orientation）；

（8）将光标置于轮齿附近的孔上。按住 Ctrl 键，然后单击鼠标中键并向下拖动以将孔放大，如图 2.27 所示；

（9）在主工具栏中单击"重新调整"（Refit），以重新调整模型。

图 2.27　局部放大零件

2.4.3　使用"视图管理器"和"方向"对话框来实现模型的定向

1. 打开素材文件

打开随书光盘\Intro_Pro/ENGINEER Wildflre5.0_WF5\Module_03\Manage_Orient\ manage_orient.asm,如图 2.28 所示。

2. 从主工具栏中启动"视图管理器"（View Manager）

（1）选取"定向"（Orient）选项卡,然后单击"新建"（New）;

（2）将名称改为 3D-1,然后按 Enter 键,如图 2.29 所示;

图 2.28　组件 manage_orient.asm　　　　图 2.29　"视图管理器"对话框

（3）在"视图管理器"中双击"缺省方向"（Default Orientation）,然后双击 3D-1;

（4）利用鼠标和键盘放大组件,如图 2.30 所示;

（5）在"视图管理器"中单击"新建"（New）,将方向名称改为 Conn_Rod,然后按 Enter 键。再单击"关闭"（Close）。

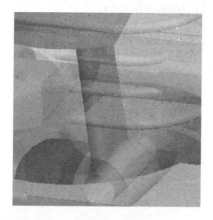

图 2.30 利用鼠标和键盘放大组件

图 2.31 "方向"对话框

3. "重定向"(Reorient)模型

（1）单击"已命名的视图列表"(Named View List)，并选取"缺省方向"(Default Orientation)；

（2）在主工具栏中单击"重定向"(Reorient)，如图 2.31 所示；

（3）选取图 2.32 中的曲面作为"参照 1"；

（4）选取图 2.33 中的曲面作为"参照 2"；

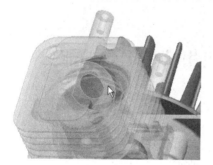

图 2.32 参照 1

图 2.33 参照 2

（5）将"参照 2"的方向从"顶部"(Top)更改为"左侧"(Left)，如图 2.34 所示；

图 2.34 更改参照方向

（6）必要时可旋转组件，然后再次选取上图中的曲面作为"参照 2"；

（7）在"方向"（Orientation）对话框中展开"已保存的视图"（SavedViews）区域，如图 2.35 所示，在"名称"（Name）字段中，键入保存的视图的名称，如 CYL_HOLE→单击"保存"（Save）和"确定"（OK），模型的方向变成如图 2.36 所示。

图 2.35　新保存的视图

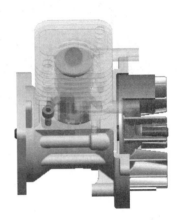

图 2.36　模型的方向显示

2.5　知识拓展——如何应用模型定向功能

1. 定向模式开关

打开定向模式后，"视图（V）"下拉菜单→"方向"→"视图类型"后的 4 个选项即可用，且定向中心与模型中心会显示在图形窗口中，如图 2.37 所示。

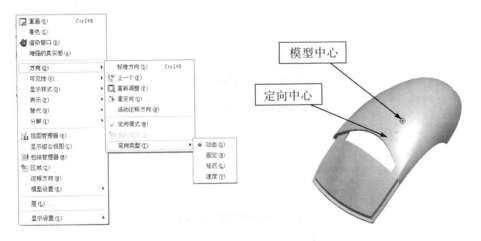

图 2.37　激活定性模式后出现定向中心和模型中心

2. 定向中心的作用

定向中心是可以多种方式来定向模型的符号(按鼠标中键调出)。当操作模型的旋转、平移或缩放时,定向中心就会出现,以显示其当时的中心位置。这样,旋转、平移或缩放等操作就不会太离谱,定向中心一定锁在旋转中心,但当旋转中心锁定被关闭时,即可设置定向中心为图形窗口的任意处。启用定向模式后,可选的定向类型意义如表2.6所示。

表 2.6 定向模式的四种类型

类型名称	说 明
◇ 动态 动态定向类型	默认值,用以显示"定向中心"其方位会随着光标的移动而更新,模型将围绕着定向中心周围自由旋转
△ 固定 固定定向类型	其方位随着光标的移动而更新,模型的旋转是由其初始位置开始移动的方位与距离所控制的,定向中心每隔90°即可更改颜色一次。当光标回到原始的方向向下方位时,视图即重设为开始的样子
□ 延迟 延迟定向类型	其方位不随着光标的移动而更新,但是当放开鼠标中键,指针模型定向随即更新
◎ 速度 速度定向类型	其方位会随着光标的移动而更新,速度(速度与方向)是控制的速率,受到光标从其初始方向偏移的距离影响

3. 旋转中心开关

模型默认的旋转中心就是模型中心,可以修改此中心,使其可位于屏幕的任一点,当旋转中心关闭时,可以根据得出的矢量约束旋转和平移的动作。矢量是将"定向中心"置于边或曲面上时所得出来的,与拖拽动作结合使用;或者它也有可能因为在定向中心上初始化一个拖拽动作而已经存在于边或曲面上。约束矢量来自于对象或定向中心之下的几何,且其为线性的边或曲线或法向(垂直)于实体面或曲面。

2.6 实 战 练 习

1. 练习文件操作:

(1) 练习打开光盘"\项目二\piston. prt"观察模型的特征构成。

(2) 将文件重命名为"elec_piston. prt"。

(3) 保存文件。

① 保存文件副本。

② 删除旧文件。

2. 打开光盘"\项目二\lianxi. prt",利用使用"视图管理器"和"方向"对话框来完成如图所示的视角变换,并保存(图2.38、图2.39、图2.40、图2.41)。

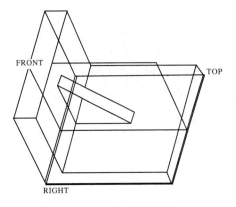

图 2.38　标准方向图

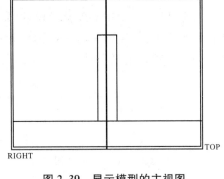

图 2.39　显示模型的主视图

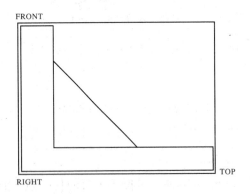

图 2.40　显示模型的左视图

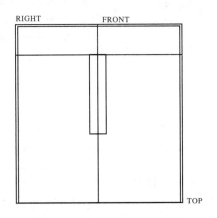

图 2.41　显示模型的俯视图

第②篇
Pro/E 5.0 基础应用

项目 3 绘制平面图形

知识目标：

① 了解草绘模块的概念；

② 掌握图元的绘制与修改；

③ 掌握尺寸标注及修改；

④ 掌握约束的使用方法。

能力目标：

① 熟练使用"草绘器"工具栏中的各项工具；

② 能够绘制二维草图。

3.1 项目导入

本项目将学习草绘模块的绘制图形、修改图形、标注图形及使用约束的方法，完成如图 3.1、图 3.2 所示平面图形的绘制。

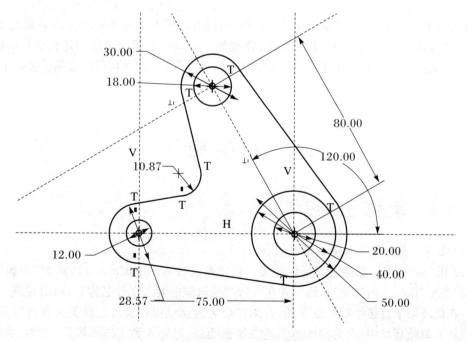

图 3.1 平面图形(一)

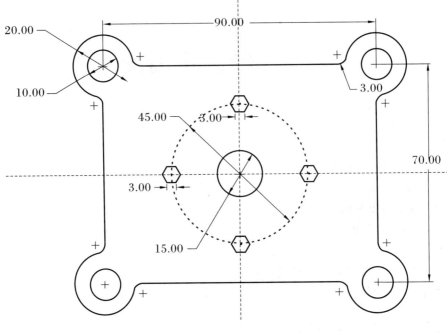

图 3.2　平面图形(二)

3.2　项 目 分 析

在 Pro/E 5.0 中,三维对象均是从二维图形开始,在平面坐标系中定义的对象的 2D 形状后,系统提供一个 Z 轴尺寸,使其成为 3D 模型。所以草绘器的功能不是在于精确的 2D 平面图,而是提供由 2D 到 3D 图形对象的轮廓。"草绘"2D 图形后,可以根据需要填上精确尺寸。

3.3　相 关 知 识

3.3.1　草绘模块的启动

Pro/E 5.0 有两种进入草绘环境的方法:

(1) 由"草绘"模块直接进入草绘环境。创建新文件时,在如图 3.3 所示的"新建"对话框中的"类型"选项组内选择"草绘",并在"名称"编辑框中输入文件名称后,可直接进入草绘环境。在此环境下直接绘制二维草图,并以扩展名为 .sec 保存文件。此类文件可以导入到零件模块的草绘环境中,作为实体造型的二维截面;也可导入到工程图模块,作为二维平面图元。

图 3.3 创建"草绘"文件

（2）由"零件"模块进入草绘环境。创建新文件时，在"新建"对话框中的"类型"选项组内选择"零件"，进入零件建模环境。在此环境下通过选择"基准"工具栏中的草绘工具 图标按钮，进入"草绘"环境，绘制二维截面，可以供实体造型时选用。或是在创建某个三维特征命令中，系统提示"选取一个草绘"时，进入草绘环境，此时所绘制的二维截面属于所创建的特征。用户也可以将零件模块的草绘环境下绘制的二维截面保存为副本，以扩展名.sec保存为单独的文件，以供创建其他特征时使用。

3.3.2 草绘的步骤

一般按如下步骤绘制二维草图。

（1）首先粗略地绘制出图形的几何形状，即"草绘"。如果使用系统默认设置，在创建几何图元移动鼠标时，草绘器会根据图形的形状自动捕捉几何约束，并以红色显示约束条件。几何图元创建之后，系统将保留约束符号，且自动标注草绘图元，添加"弱"尺寸，并以灰色显示。

（2）草绘完成后，用户可以手动添加几何约束条件，控制图元的几何条件以及图元之间的几何关系，如水平、相切、平行等。

（3）根据需要，手动添加"强"尺寸，系统以白色显示。

（4）按草图的实际尺寸修改几何图元的尺寸（包括强尺寸和弱尺寸），精确控制几何图元的大小、位置，系统将按实际尺寸再生图形，最终得到精确的二维草图。

3.3.3 草图绘制

1. 直线的绘制

Pro/E 5.0 中的直线图元包括普通直线、与两个图元相切的直线以及中心线。

（1）普通直线命令

普通直线可以通过两点创建普通直线图元,此为绘制直线的默认方式。

调用命令的方式如下:

菜单:执行"草绘"|"线"|"线"命令。

图标:单击"草绘器工具"工具栏中的 ＼ 图标按钮。

快捷菜单:在草绘窗口内右击,在快捷菜单中选取"线"。

操作步骤如下:

第 1 步,在草绘器中,单击 ＼ 图标按钮,启动"线"命令。

第 2 步,在草绘区内单击,确定直线的起点。

第 3 步,移动鼠标,草绘区显示一条"橡皮筋"线,在适当位置单击,确定直线段的端点,系统在起点与终点之间创建一条直线段。

第 4 步,移动鼠标,草绘区接着上一段线又显示一条"橡皮筋"线,再次单击,创建另一条首尾相接的直线段。直至单击鼠标中键。

第 5 步,重复上述第 2 步～第 4 步,重新确定新的起点,绘制直线段;或单击鼠标中键,结束命令。如图 3.4 所示,为绘制四边形的操作过程。其中约束符号 H 表示水平线、V 表示垂直线段,L_1 表示两线长度相等。

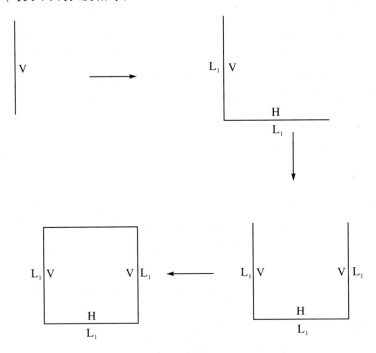

图 3.4　直线的绘制

(2) 相切直线的绘制

利用"直线相切"命令可以创建与两个圆或圆弧相切的公切线。

调用命令的方式如下:

菜单:执行"草绘"|"线"|"直线相切"命令。

图标:单击"草绘器工具"工具栏的"线"弹出式中的 ＼ 图标按钮。

操作步骤如下:

第1步,在草绘器中,单击 图标按钮,启动"直线相切"命令。

第2步,系统弹出"选取"对话框,如图3.5所示,并提示"在弧或圆上选取起始位置。"时,在圆或圆弧的适当位置单击,确定直线的起始位点。

第3步,系统提示"在弧或圆上选取结束位置。"时,移动鼠标,在另一个圆或圆弧适当位置单击,系统将自动捕捉切点,创建一条公切线,如图3.6所示。

第4步,系统再次显示"选取"对话框,并提示"在弧或圆上选取起始位置。"时,重复上述第2步～第5步,或单击鼠标中键,结束命令。

图3.5　"选取"对话框

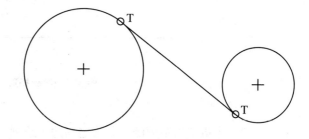

图3.6　绘制相切直线

(3) 中心线的绘制

中心线不能用于创建三维特征,而是用作辅助线,主要用于定义旋转特征的旋转轴、对称图元的对称线,以及构造直线等。利用"中心线"命令可以定义两点绘制无限长的中心线。

调用命令的方式如下:

菜单:执行"草绘"|"线"|"中心线"命令。

图标:单击"草绘器工具"工具栏的"线"弹出式工具栏中的 图标按钮。

快捷菜单:在草绘窗口内右击,在快捷菜单中选取"中心线"。

操作步骤如下:

第1步,在草绘器中,单击 图标按钮,启动"中心线"命令。

第2步,在草绘区内单击,确定中心线的通过的一点。

第3步,单击鼠标中键,确定中心线通过的另一点,系统通过两点创建一条中心线。

2.矩形的绘制

Pro/E 5.0可以绘制矩形、斜矩形和平行四边形。

(1) 矩形

Pro/E 5.0通过指定矩形的两个对角点创建矩形。

调用命令的方式如下:

菜单:执行"草绘"|"矩形"命令。

图标:单击"草绘器工具"工具栏中的 图标按钮。

快捷菜单:在草绘窗口内右击,在快捷菜单中选取"矩形"。

操作步骤如下:

第1步,在草绘器中,单击图标按钮,启动"矩形"命令。

第2步,在合适位置单击,确定矩形的一个顶点,如图3.7所示的点1;再移动鼠标,在另一位置单击,确定矩形的另一对角点,如图3.7所示的点2,矩形绘制完成。

第 3 步,单击鼠标中键,结束命令。

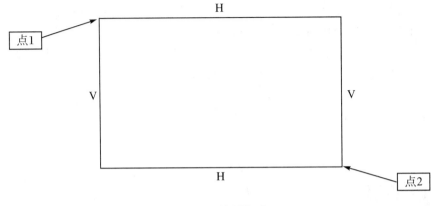

图 3.7　绘制矩形

(2) 斜矩形

Pro/E 5.0 中指定斜矩形的一条指定斜边来绘制。

调用命令的方式如下:

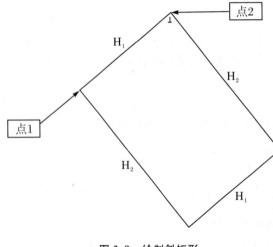

图 3.8　绘制斜矩形

菜单:执行"草绘"|"矩形"命令。

图标:单击"草绘器工具"工具栏中的 ◇ 图标按钮。

快捷菜单:在草绘窗口内右击,在快捷菜单中选取"斜矩形"。

操作步骤如下:

第 1 步,在草绘器中,单击 ◇ 图标按钮,启动"斜矩形"命令。

第 2 步,在合适位置单击,确定矩形边长的一个端点,如图 3.8 所示的点 1;移动鼠标,在另一位置单击,确定矩形边长的另一端点,如图 3.8 所示的点 2,再向矩形另一对边处单击中键,矩形绘制完成。

第 3 步,单击鼠标中键,结束命令。

(3) 平行四边形

调用命令的方式如下:

菜单:执行"草绘"|"矩形"命令。

图标:单击"草绘器工具"工具栏中的 ▱ 图标按钮。

快捷菜单:在草绘窗口内右击,在快捷菜单中选取"矩形"。

平行四边形的绘制步骤与斜矩形相似。

3. 圆的绘制

Pro/E 5.0 创建圆的方法有:指定圆心和半径画圆、画同心圆、三点画圆、画与 3 个图元相切的圆,如图 3.9 所示。

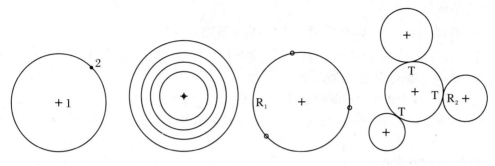

图 3.9　圆的绘制

（1）指定半径和圆心绘制圆

利用"圆心和点"命令可以指定圆心和圆上一点创建圆，即指定圆心和半径绘制圆，该方式是默认画圆的方式。

调用命令的方式如下：

菜单：执行"草绘"|"圆"|"圆心和点"命令。

图标：单击"草绘器工具"工具栏中的 ⭕ 图标按钮。

快捷菜单：在草绘窗口内右击，在快捷菜单中选取"圆"。

操作步骤如下：

第 1 步，在草绘器中，单击 ⭕ 图标按钮，启动"圆"命令。

第 2 步，在合适位置单击，确定圆的圆心位置。如图 3.9 所示的点 1。

第 3 步，移动鼠标，在适当位置单击，指定圆上的一点，如图 3.9 所示点 2。系统则以指定的圆心以及圆心与圆上一点的距离为半径画圆。

第 4 步，单击鼠标中键，结束命令。

（2）同心圆的绘制

利用圆的"同心"命令可以创建与指定圆或圆弧同心的圆。

调用命令的方式如下：

菜单：执行"草绘"|"圆"|"圆心和点"命令。

图标：单击"草绘器工具"工具栏的"圆"弹出式工具栏中的 ◎ 图标按钮。

操作步骤如下：

第 1 步，在草绘器中，单击 ◎ 图标按钮，启动圆的"同心"命令。

第 2 步，系统弹出"选取"对话框，并提示"选取一弧(去定义中心)。"时，选取一个圆弧或圆。

第 3 步，移动鼠标，在适当位置单击，指定圆上的一点。系统创建与指定圆同心的圆。

第 4 步，移动鼠标，再次单击，创建另一个同心圆。

第 5 步，单击鼠标中键，结束命令。

（3）指定 3 点绘制圆

利用圆的"3 点"命令可以通过指定 3 点创建一个圆，如图 3.9 所示。

调用命令的方式如下：

菜单：执行"草绘"|"圆"|"3 点"命令。

图标：单击"草绘器工具"工具栏的"圆"弹出式工具栏中的 ⭕ 图标按钮。

操作步骤如下：

第 1 步，在草绘器中，单击 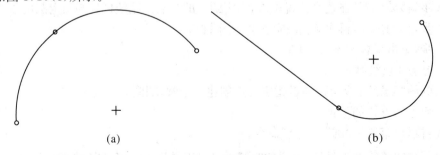 图标按钮，启动圆的"3 点"命令。

第 2 步，分别在适当位置单击，确定圆上的不同 3 点，系统通过指定的 3 点画圆。

第 3 步，单击鼠标中键，结束命令。

（4）指定与 3 个图元相切圆的绘制

利用圆的"3 相切"命令可以创建与 3 个已知的图元相切的圆，已知图元可以是圆弧、圆、直线。

调用命令的方式如下：

菜单：执行"草绘"｜"圆"｜"3 相切"命令。

图标：单击"草绘器工具"工具栏的"圆"弹出式工具栏中的 图标按钮。

操作步骤如下：

第 1 步，在草绘器中，单击 图标按钮，启动圆的"3 相切"命令。

第 2 步，系统弹出"选取"对话框，并提示"在弧、圆或直线上选取起始位置。"时，选取一个圆弧或圆或直线。

第 3 步，系统提示"在弧、圆或直线上选取结束位置。"时，选取第 2 个圆弧或圆或直线。

第 4 步，系统提示"在弧、圆或直线上选取第三个位置。"时，选取第 3 个圆弧或圆或直线。

第 5 步，系统再次提示"在弧、圆或直线上选取起始位置。"时，重复上述第 2 步～第 4 步，再创建另一个圆。直至单击鼠标中键，结束命令。

4．圆弧的绘制

Pro/E 5.0 中可创建 3 点圆弧、同心弧、圆心和端点、与 3 个图元相切的圆弧和圆锥弧。

（1）指定 3 点绘制圆弧

利用"3 点/相切端"命令可以指定 3 点创建圆弧，该方式是默认画圆弧的方式。

调用命令的方式如下：

菜单：执行"草绘"｜"弧"｜"3 点/相切端"命令。

图标：单击"草绘器工具"工具栏中的 图标按钮。

快捷菜单：在草绘窗口内右击，在快捷菜单中选取"3 点/相切端"。

操作步骤如下：

第 1 步，在草绘器中，单击 图标按钮，启动"3 点/相切端"命令。

第 2 步，在合适位置单击，确定圆弧的起始点，如图 3.10（a）所示，也可与某图元相切绘制弧，如图 3.10（b）所示。

（a）　　　　　　　　　　　　　　　　　（b）

图 3.10　点/相切端绘弧

第 3 步,单击鼠标中键,结束命令。

（2）同心圆弧的绘制

利用弧的"同心"命令可以创建与指定圆或圆弧同心的圆弧。

调用命令的方式如下：

菜单：执行"草绘"|"弧"|"同心"命令。

图标：单击"草绘器工具"工具栏的"弧"弹出式工具栏中的 ▨ 图标按钮。

操作步骤如下：

第 1 步,在草绘器中,单击 ▨ 图标按钮,启动弧的"同心"命令。

第 2 步,系统提示"选取一弧（去定义中心）。"时,选取一个圆弧或圆。

第 3 步,单击鼠标,指定圆弧的起点。

第 4 步,单击鼠标,指定圆弧的端点。

第 5 步,鼠标中键,结束命令。

（3）指定圆心和端点绘制圆弧

利用弧的"圆心和端点"命令可以通过指定圆弧的圆心点和端点创建圆弧。

调用命令的方式如下：

菜单：执行"草绘"|"弧"|"圆心和端点"命令。

图标：单击"草绘器工具"工具栏的"弧"弹出式工具栏中的 ▨ 图标按钮。

操作步骤如下：

第 1 步,在草绘器中,单击 ▨ 图标按钮。

第 2 步,鼠标单击,指定圆弧的圆心。

第 3 步,鼠标单击,指定圆弧的起始点。

第 4 步,鼠标单击,指定圆弧的端点。

第 5 步,单击鼠标中键,结束命令。

（4）指定与三个图元相切圆弧的绘制

利用弧的"3 相切"命令可以创建与 3 个已知的图元相切的圆弧,操作方法与"3 相切"画圆方法类似。

调用命令的方式如下：

菜单：执行"草绘"|"弧"|"3 相切"命令。

图标：单击"草绘器工具"工具栏的"弧"弹出式工具栏中的 ▨ 图标按钮。

操作步骤如下：

第 1 步,在草绘器中,单击 ▨ 图标按钮,启动弧的"3 相切"命令。

第 2 步～第 5 步,与相切圆的步骤相似。

（5）圆锥弧

调用命令的方式如下：

菜单：执行"草绘"|"弧"|"圆锥"命令。

图标：单击"草绘器工具"工具栏的"弧"弹出式工具栏中的 ▨ 图标按钮。

操作步骤如下：

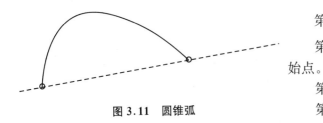

图 3.11　圆锥弧

第 1 步,在草绘器中,单击 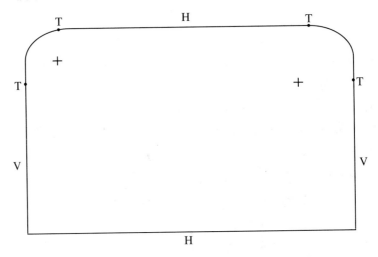 图标按钮。

第 2 步,鼠标单击,指定圆锥弧的起始点。

第 3 步,鼠标单击,指定圆锥弧的端点。

第 4 步,鼠标单击,指定圆锥弧上一点。

第 5 步,单击鼠标中键,结束命令。结果如图 3.11 所示。

5. 圆角的绘制

利用"圆角"命令可以在两个图元间创建圆角,这两个图元可以是直线、圆和样条曲线。圆角的半径和位置取决于选取两个图元时的位置,系统选取离开二线段交点最近的点创建圆角,如图 3.12 所示。

图 3.12　倒圆角

调用命令的方式如下:

菜单:执行"草绘"|"圆角"|"圆形"命令。

图标:单击"草绘器工具"工具栏中的 图标按钮。

快捷菜单:在草绘窗口内右击,在快捷菜单中选取"圆角"。

操作步骤如下:

第 1 步,在草绘器中,单击 图标按钮,启动"圆角"命令。

第 2 步,系统弹出"选取"对话框,并提示"选取两个图元"时,分别在两个图元上单击,如图 3.12 所示的点 1、点 2,系统自动创建圆角。

第 3 步,系统再次提示"选取两个图元"时,可以选取两个图元,创建另一个圆角。也可以击鼠标中键,结束命令。

注意:

(1) 倒圆角时不能选择中心线,且不能在两条平行线之间倒圆角。

(2) 如果在两条非平行的直线之间倒圆角,则为修剪模式,即二直线从切点到交点之间的线段被修剪掉。

6．倒角的绘制

利用"倒角"命令可以在两个图元间创建倒角,如图 3.13 示。

调用命令的方式如下:

菜单:执行"草绘"|"倒角"命令。

图标:单击"草绘器工具"工具栏中的 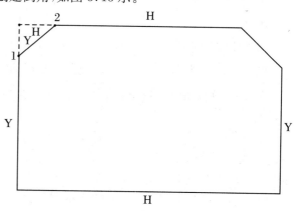 图标按钮。

快捷菜单:在草绘窗口内右击,在快捷菜单中选取"圆角"。

操作步骤如下:

第 1 步,在草绘器中,单击 图标按钮,启动"倒角"命令。

第 2 步,系统弹出"选取"对话框,并提示"选取两个图元。"时,分别在两个图元上单击,如图 3.13 中的点 1、点 2 所示,系统自动创建圆角。

图 3.13　倒角

第 3 步,系统再次提示"选取两个图元。"时,可以选取两个图元,创建另一个倒角。也可以击鼠标中键,结束倒角命令。

7．样条曲线

样条曲线是通过一系列指定点的平滑曲线,为三阶或三阶以上多项式形成的曲线。

调用命令的方式如下:

菜单:执行"草绘"|"样条"命令。

图标:单击"草绘器工具"工具栏中的 图标按钮。

操作步骤如下:

第 1 步,在草绘器中,单击 图标按钮,启动"样条"命令。

第 2 步,移动鼠标,依次单击如图 3.14 中所示的点 1、点 2、点 3、点 4,确定样条曲线所通过的点,直至单击鼠标中键终止该曲线的绘制。

第 3 步,重复上述第 2 步,绘制另一条曲线;或单击鼠标中键,结束命令,结果如图 3.14 所示。

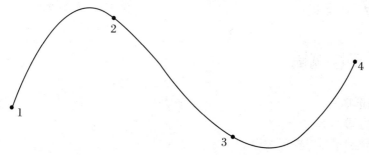

图 3.14　样条曲线的绘制

8．文本的创建

利用"文本"命令可以创建文字图形,在 Pro/E 5.0 中文字也是可以编辑,可以用"拉伸"命令对文字进行操作。

调用命令的方式如下：

菜单：执行"草绘"|"文本"命令。

图标：单击"草绘器工具"工具栏中的 A 图标按钮。

操作步骤如下：

第 1 步，在草绘器中，单击 A 图标按钮，启动"文本"命令。

第 2 步，系统提示"选择行的起始点，确定文本高度和方向。"时，单击鼠标，确定文本行的起点。

第 3 步，系统提示"选取行的第二点，确定文本高度和方向。"时，移动鼠标，在适当位置单击，确定文本行的第二点。系统在起点与第二点之间显示一条直线（构建线），并弹出"文本"对话框，如图 3.15 所示。

第 4 步，在"文本"对话框中的"文本行"文本框中输入文字，最多可输入 79 个字符，且输入的文字动态显示于草绘区。

第 5 步，在"文本"对话框中的"字体"选项组内选择字体、设置文本行的对齐方式、宽高比例因子、倾角等。

第 6 步，单击"确定"按钮，关闭对话框，系统创建单行文本。图 3.16 所示为选择了沿曲线放置后的效果。

图 3.15　文本

图 3.16　创建文本

3.3.4　草图编辑

1．图元的选择

选择图元方式如下：

菜单：执行"编辑"|"选择"命令。

图标：单击"草绘器"中的 ▶ 图标按钮。

2．删除图元

调用命令的方式如下：

菜单：执行"编辑"|"删除"命令。

操作步骤如下：

第 1 步，选取需要删除的图元。

第 2 步，单击"编辑"|"删除"命令，系统删除选定的图元。

3. 修剪图元

修剪图元包括：动态修剪、拐角和分割。

（1）动态修剪

调用命令的方式如下：

菜单：执行"编辑"|"修剪"|"删除段"命令。

图标：单击"草绘器工具"的"修剪"弹出式工具栏中的 图标按钮。

操作步骤如下：

第 1 步，在草绘器中，单击 图标按钮，启动修剪的"删除段"命令。

第 2 步，单击选取需要修剪的图元，显示为红色，如图 3.17（a）所示，删除该图元，如图 3.17（b）所示，水平线段与右侧圆相切的切点右侧被修剪。

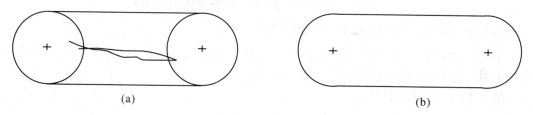

（a）　　　　　　　　　　　　　　　（b）

图 3.17　动态修剪

（2）拐角

调用命令的方式如下：

菜单：执行"编辑"|"修剪"|"拐角"命令。

图标：单击"草绘器工具"的"修剪"弹出式工具栏中的 图标按钮。

操作步骤如下：

第 1 步，在草绘器中，单击 图标按钮，执行"拐角"命令。

第 2 步，系统提示"选取要修整的两个图元。"时，单击选取两条线，则系统自动修剪或延伸所选的两条线，如图 3.18（a）所示。

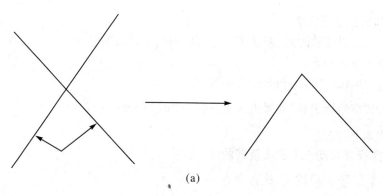

（a）

图 3.18　分割图元

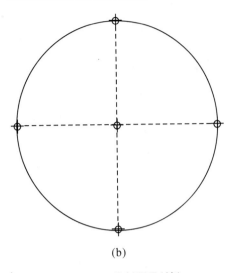

(b)

图 3.18　分割图元(续)

（3）分割

调用命令的方式如下：

菜单:执行"编辑"|"修剪"|"分割"命令。

图标:单击"草绘器工具"的"修剪"弹出式工具栏中的图标按钮,如图 3.18(b)所示。

4. 镜像图元

以中心线为对称,将几何图元镜像复制到中心线的另一侧。

调用命令的方式如下：

菜单:执行"编辑"|"镜像"命令。

图标:单击"草绘器工具"的弹出式工具栏中的 图标按钮。

操作步骤如下：

第 1 步,选择要镜像的图元。

第 2 步,单击 图标按钮,启动"镜像"命令。

第 3 步,系统提示"选取一条中心线。"时,选取图 3.19(a)中的中心线作为镜像线,系统将所选图元镜像至中心线的另一侧,如图 3.19(b)所示。

第 4 步,单击,结束命令。

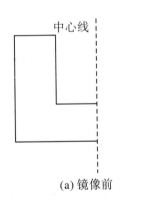

(a) 镜像前

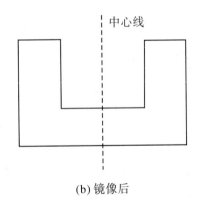

(b) 镜像后

图 3.19　镜像

5. 移动和调整图元大小

该命令不仅可以移动图元、缩放图元也可以对图元进行旋转操作。

调用命令的方式如下：

菜单:执行"编辑"|"移动和调整大小"命令。

图标:单击"草绘器工具"的弹出式工具栏中的 图标按钮。

操作步骤如下：

第 1 步,选择要移动或缩放或旋转的图元。

第 2 步,单击 图标按钮,执行命令。

第 3 步,系统弹出如图 3.20 所示的"移动和调整大小"对话框。

第 4 步,在绘图区中调整方法如图 3.21 所示。

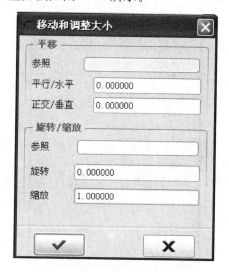

图 3.20　移动和调整大小

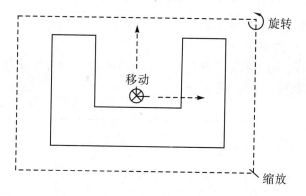

图 3.21　移动、旋转和缩放

6. 复制和粘贴图元

将选择好的图元,复制于剪贴板中,再粘贴到当前窗口的草绘器(活动草绘器)中。被粘贴的草绘图元可以平移、旋转或缩放。

3.3.5　几何约束

在草绘器中,几何约束是利用图元的几何特性(如等长、平行等)对草图进行定义,也称为几何限制。几何约束利于图形的编辑和设计变更,达到参数化设计的目的,满足设计要求。

几何约束符号、图形、含义及操作方法见表 3.1。

表 3.1　约束符号表

约束符号	V	H	⊥	T	M	⊙	⟶‖⟵	=	//
含　义	竖直线段	水平线段	垂直两图元正交	相切	中点	重合	对称	相等	平行

执行"草绘"|"选项…"命令,打开如图 3.22 所示的"草绘器首选项"对话框,单击"约束"选项卡,"约束"选项卡含有多个复选框,每个复选框表示一种约束类型。

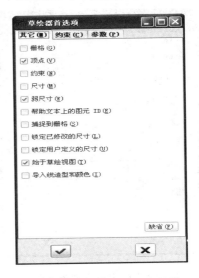

图 3.22　"草绘器首选项"对话框

几何约束的设置有以下两种方法:

(1) 自动设置几何约束

如图 3.23(a)所示,图中的 4 个圆直径为相等约束,修改 4 个圆中任一个,其他圆的直径也发生相同的改变,如图 3.23(b)所示。

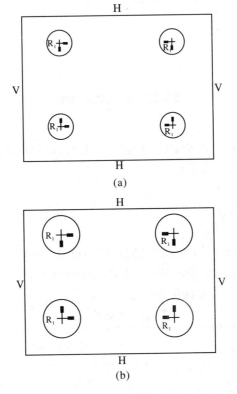

(a)

(b)

图 3.23　自动约束

（2）手动添加几何约束

单击草绘器中的 ＋ ，打开的约束选项 ，选择"相等"约束，依次单击图 3.24 的 4 个圆角设置相等约束。

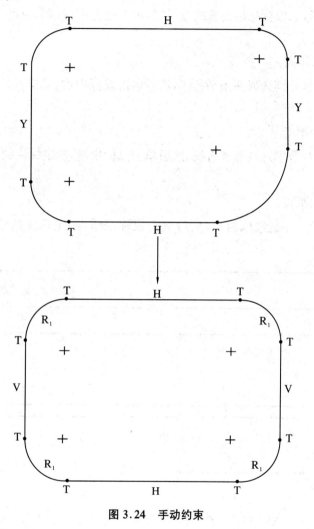

图 3.24　手动约束

3.3.6　尺寸标注及修改

Pro/E 5.0 中的尺寸有强尺寸和弱尺寸之分。弱尺寸由系统自动标注，呈灰色；用户也可以添加或创建尺寸，这些尺寸称为强尺寸，呈黄色。

1. 标注尺寸

调用命令的方式如下：

菜单：执行"草绘"|"尺寸"|"法向"命令。

图标：单击"草绘器工具"工具栏中的 图标按钮。

快捷菜单：在"草绘器"窗口内右击，在快捷菜单中选取"尺寸"。

（1）标注线性尺寸

线性尺寸的类型主要有这几种：直线长度、两平行线的距离、点到直线的距离、两点之间的距离等。

① 直线长度。

单击 ⟷ 按钮后，选取要标注的直线段，然后单击鼠标中键，确定标注的位置，如图 3.25(a)所示。

② 两平行线的距离。

单击 ⟷ 按钮后，分别选取两条平行线，然后单击鼠标中键，确定标注的位置，如图 3.25(b)所示。

③ 点到直线的距离。

单击 ⟷ 按钮后，分别选取点和直线，然后单击鼠标中键，确定标注的位置，如图 3.25(c)所示。

④ 两点之间的距离。

单击 ⟷ 按钮后，分别选取两点，然后单击鼠标中键，确定标注的位置，如图 3.25(d)所示。

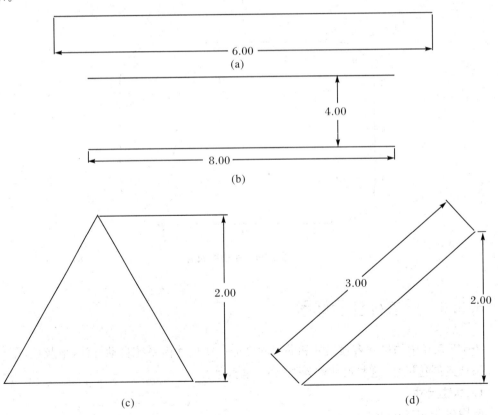

图 3.25　线性标注

（2）角度标注

角度尺寸是指两非平行直线之间的夹角以及圆弧的中心角。

① 两直线夹角标注角度。

单击 按钮后,分别单击选取需要标注角度的两条非平行直线,然后单击鼠标中键,确定标注的位置,如图 3.26 所示。

② 圆弧的中心角的标注。

单击 按钮后,单击选取某圆弧,再分别单击选取该圆弧的两个端点,然后单击鼠标中键,确定标注的位置,如图 3.27 所示。

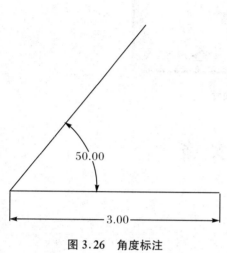

图 3.26　角度标注

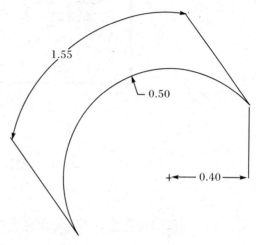

图 3.27　圆弧的中心角的标注

(3) 直径标注

单击 按钮后,在圆上双击,然后单击鼠标中键,确定标注的位置,如图 3.28 所示。

2. 修改尺寸

标注尺寸后还可以修改弱尺寸或手动标注的强尺寸。使用"修改尺寸"对话框可修改几何图元的尺寸数值。

调用命令的方式如下:

菜单:执行"编辑"|"修改"命令。

图标:单击"草绘器工具"工具栏中的 图标按钮。

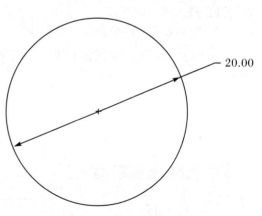

图 3.28　直径标注

操作步骤如下:

第 1 步,在草绘器中,单击 图标按钮,执行"修改"命令。

第 2 步,系统弹出"选取"对话框,选取需要修改的某个尺寸。

第 3 步,系统弹出"修改尺寸"对话框,如图 3.29 所示。继续选取其他需要修改的尺寸,则所有选择的尺寸均列在对话框中。

第 4 步,不选中"再生"复选框(默认为选中)。

第 5 步,依次在各尺寸的文本框中输入新的尺寸数值,回车。

第 6 步,单击"确定"按钮,系统再生二维草图,并关闭对话框。

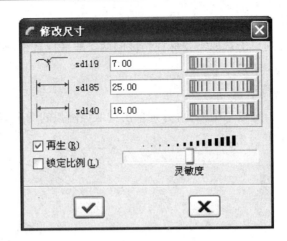

图 3.29　修改尺寸

3.4　项目实施

3.4.1　绘制图 3.1 所示平面图形

（1）新建文件

打开 Pro/E 5.0 软件，单击"文件"|"新建"命令，打开如图 3.30 所示的"新建"对话框，在"类型"中选择"草绘"，在"名称"中输入"Lianxi1"，系统将自动添加. sec 的后缀，单击"确定"按钮，进入草绘状态。

（2）绘制垂直中心线和水平中心线

① 单击草绘器中 ＼ 按钮右侧的 ▶ 按钮，选择 ┆ 按钮，绘制如图 3.31 所示的中心线。

图 3.30　"新建"对话框

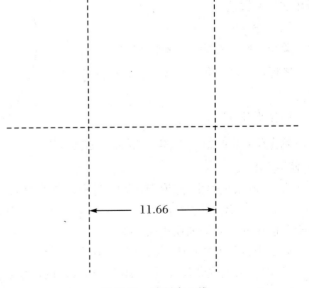

图 3.31　绘制中心线

② 选择两条垂直中心线的弱尺寸,单击 按钮,将两条垂直中心线的距离修改为 75,如图3.32所示。

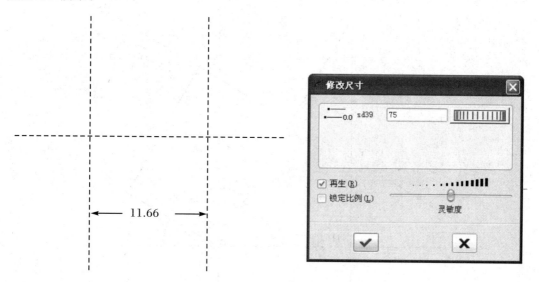

图 3.32　修改尺寸

③ 单击 按钮,绘制斜中心线。选择草绘器中 按钮,标注角度 120 度,如图3.33所示。

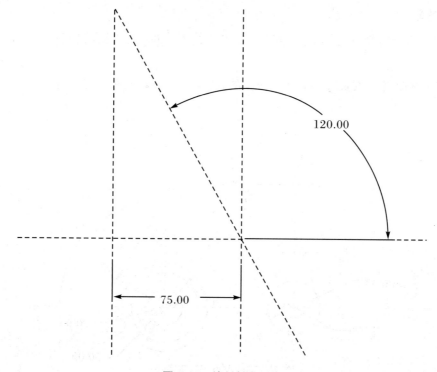

图 3.33　绘制斜中心线

④ 单击 按钮,绘制与斜中心线垂直相交的中心线。在草绘器中的 右侧下拉菜单

▸中,选择 ⊥ 垂足约束,使两条中心线垂直,并修改尺寸 80。结果如图 3.34 所示。

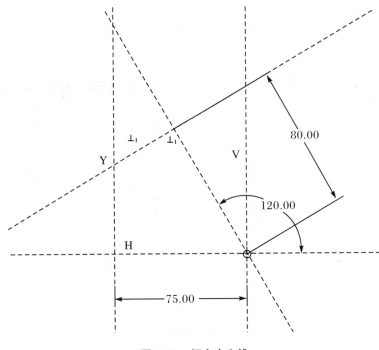

图 3.34 相交中心线

(2) 绘制圆

① 以中心线的交点为圆心绘制圆。单击草绘器中的 ◯ 按钮,捕捉中心线的交点绘制圆。

② 按照修改中心线尺寸的方法修改圆的直径尺寸,结果如图 3.35 所示。

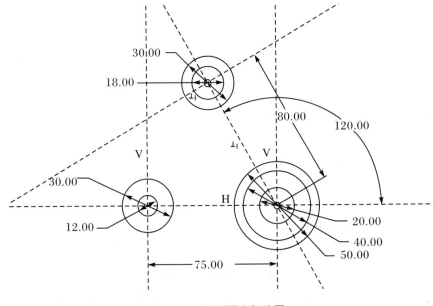

图 3.35 绘制圆和标注圆

（3）绘制相切直线

单击草绘器中 ＼ 按钮右侧的 ▸ 按钮，选择 ＼ 按钮，依次单击点 1、点 2、点 3、点 4、点 5、点 6、点 7、点 8，绘制相切直线，如图 3.36 所示。

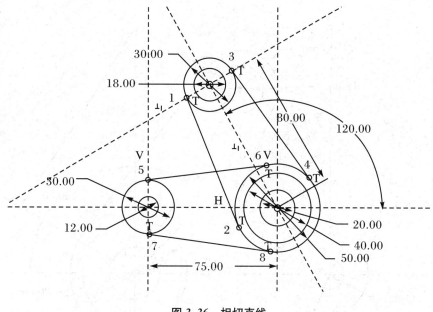

图 3.36　相切直线

（4）圆角

单击草绘器中的 ↳ 按钮，单击图 3.37 中的点 1、点 2，并修改尺寸半径为 10。

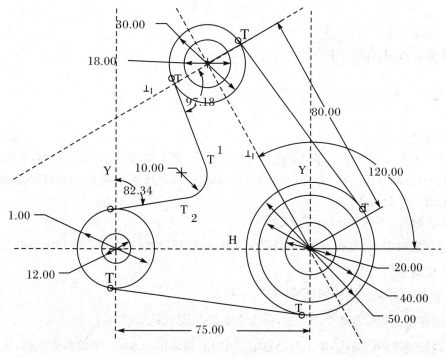

图 3.37　圆角

（5）修剪

单击草绘器中 ✂ 按钮,按要求修剪多余的线段,并添加适当约束消除多余弱尺寸,结果如图 3.38 所示。

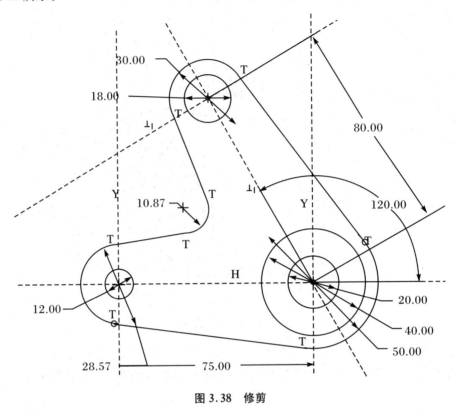

图 3.38　修剪

（6）保存文件

点击保存按钮,保存文件。

3.4.2　绘制图 3.2 所示平面图形

（1）新建文件

打开 Pro/E 5.0 软件,单击"文件"|"新建"命令,打开如图 3.30 所示的"新建"对话框,在"类型"中选择"草绘",在"名称"中输入"Lianxi2",系统将自动添加. sec 的后缀,单击"确定"按钮,进入草绘状态。

（2）绘制垂直中心线和水平中心线

单击草绘器中 ＼ 按钮右侧的 ▶ 按钮,选择 ┊ 按钮,绘制垂直中心线和水平中心线。

（3）绘制矩形

① 单击草绘器中 □ 按钮,绘制 90×70 矩形。

② 选择水平和垂直两个弱尺寸,单击草绘器中 ⇉ 按钮修改尺寸。

③ 选择矩形的四条边,单击草绘器中 ⊛ 按钮,拖动图 3.39（a）中的移动图标,使其和中心线的交点重合,结果如图 3.39（b）所示。

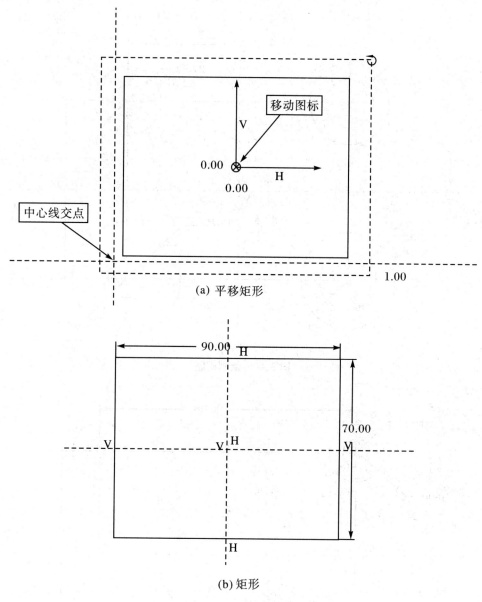

(a) 平移矩形

(b) 矩形

图 3.39 绘制矩形

（4）绘制圆

① 单击草绘器中 ⃝ 按钮，绘制以矩形四个顶点为圆心的圆，如图 3.40 所示。

② 单击草绘器中 ═ 相等约束按钮，分别单击 4 个小圆，使 4 个小圆半径相等。再约束 4 个大圆，使其半径相等。

③ 单击草绘器中 ⧥ 按钮修改尺寸，使大圆的直径为 20，小圆的直径为 10，结果如图 3.41所示。

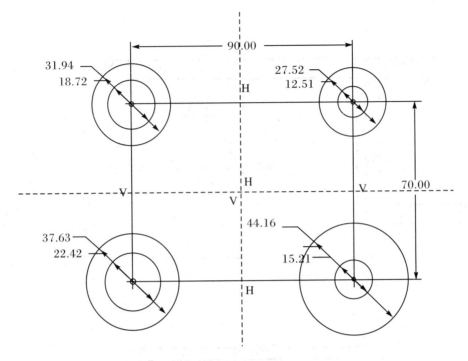

图 3.40 绘制圆图

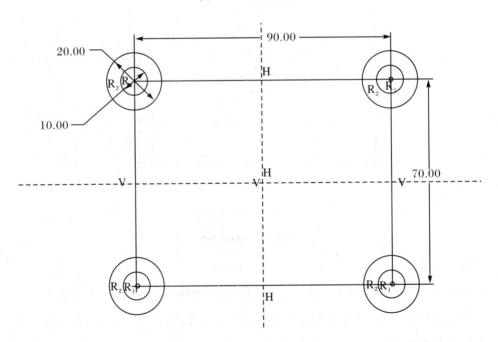

图 3.41 约束、标注后的圆

(5) 绘制中心圆

① 单击草绘器中 ⬭ 按钮,以两条中心线交点为圆心,绘制直径为 15 的圆。

② 同①,绘制直径为 45 的圆。

③ 选择直径为 45 的圆,按下右键,在弹出的菜单中选择"构建"如图 3.42(a)所示,结果

如图 3.42(b)所示。

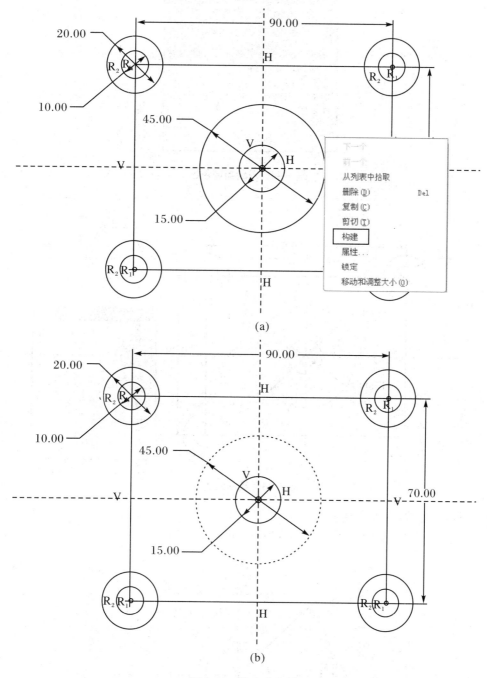

(a)

(b)

图 3.42　构建中心圆

（6）绘制六边形

六边形的绘制可以调用"调色板工具"。

① 单击草绘器中 按钮，打开如图 3.43 所示的"草绘器调色板"对话框。在"多边形"选项卡中，将六边形拖动到图中，松开左键后，弹出"移动和调整大小"对话框，如图 3.44 所示，将六边形的中心与图中点 1 处重合。

图 3.43　草绘器调色板

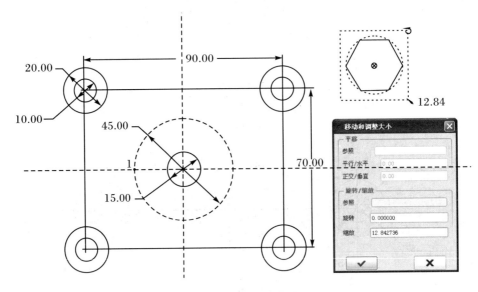

图 3.44　绘制六边形

② 修改六边形的边长为 3。

③ 用同样的方法绘制一个相同的六边形，如图 3.45 所示。

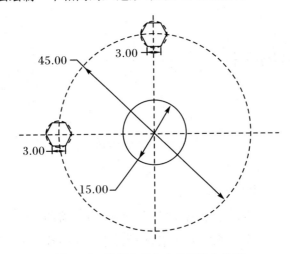

图 3.45　绘制边长为 3 的两个六边形

④ 选择六边形，单击草绘器中 ⬚ 按钮，单击垂直中心线，使其中心对称。选择另一个六边形，以水平中心线为镜像线，结果如图 3.46 所示。

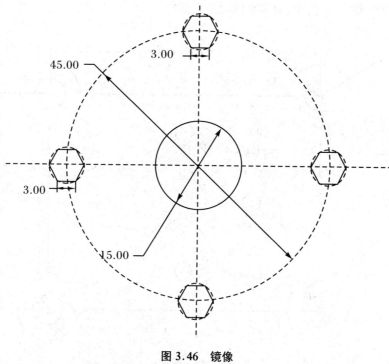

图 3.46 镜像

（7）修剪

单击草绘器中 ⬚ 按钮，对线段进行修剪，结果如图 3.47 所示。

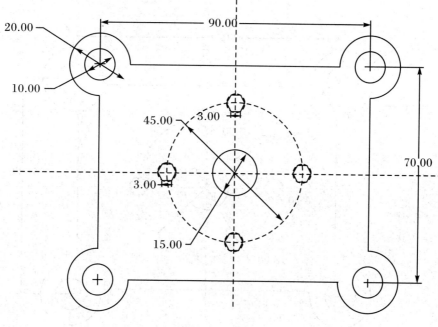

图 3.47 修剪

(8) 圆角

① 单击草绘器中 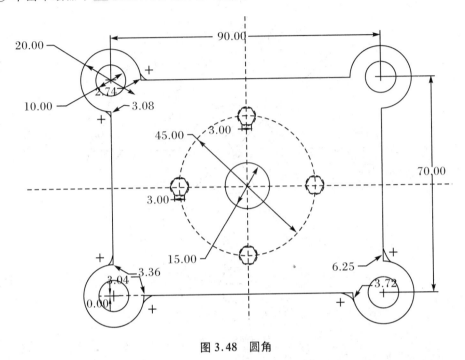 按钮，依次对每个圆弧和直线相交处进行圆角，如图 3.48 所示。

② 单击草绘器中 按钮，对多余线段进行修剪。

图 3.48　圆角

③ 单击草绘器中 = 相等约束按钮，使这 8 个圆角相等，修改圆角半径为 3，结果如图 3.49所示。

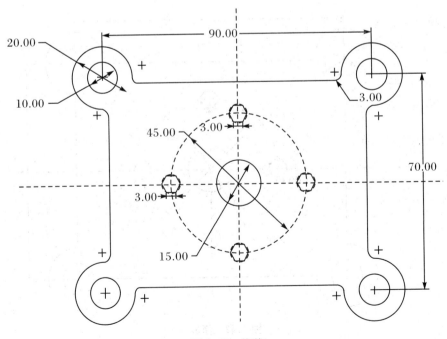

图 3.49　修剪

3.5 知识拓展——如何将 AutoCAD 图直接导入草绘

机械产品设计中,为了提高绘图速度和保证所设计的零件尺寸与客户提供的尺寸完全一致,可以将客户提供的 CAD 图档直接调入到 Pro/E 5.0 软件中。具体步骤如下:

(1) 进入草图界面。

(2) 创建如图 3.50 所示的两条中心线。

(3) 单击"草绘"→"数据来自文件"→"文件系统"命令,弹出"打开"对话框,接着设置文件类型为"DWG",接着选择需要的文件打开即可,然后在绘图区指定图形的位置,如图 3.51 所示。

图 3.50 创建中心线

(a)

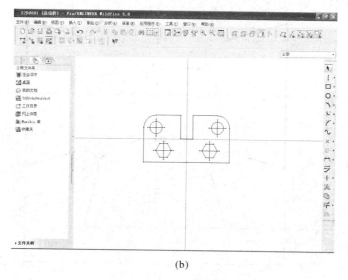

(b)

图 3.51 打开 CAD

3.6　实　战　练　习

绘制下列图形(图 3.52、图 3.53)。

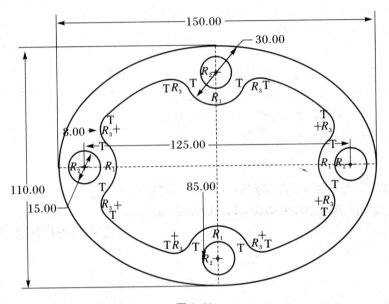

图 3.52

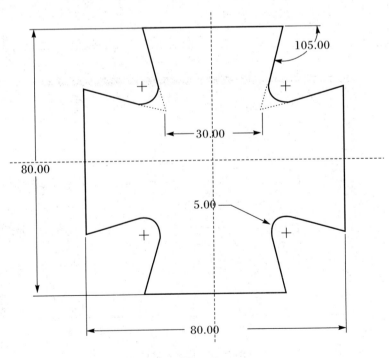

图 3.53

项目 4 创建支座模型

知识目标：

① 创建实体拉伸特征过程；

② 常用拉伸操控板选项。

能力目标：

掌握拉伸特征的应用。

4.1 项目导入

某工厂生产如图 4.1 所示零件，要求建立三维模型。

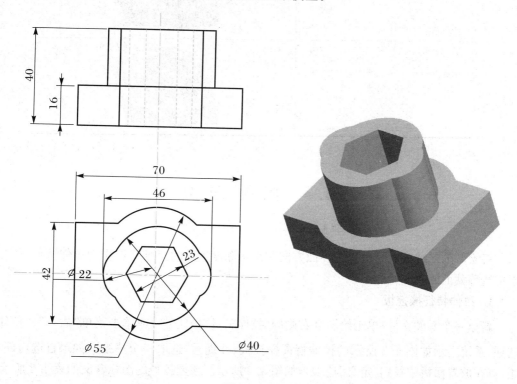

图 4.1 支座

4.2　项　目　分　析

整个零件由底板、圆柱和内孔部分组成。底板可以直接拉伸创建,圆柱上的孔可以通过拉伸方式来创建,也可以通过打孔方式来创建。

表 4.1 所示为产品建模过程。

表 4.1　产品建模过程

关键步骤	图　　示
(1) 拉伸创建底板	
(2) 拉伸创建圆柱	
(3) 筒(拉伸)创建	

4.3　相　关　知　识

将绘制的二维截面沿垂直于界面方向和给定深度生成的三维特征称为拉伸特征。它适于构造等截面的实体特征。

1. 拉伸特征操控板

新建一个零件文件,单击绘图区右侧的"拉伸工具"按钮 ,或单击菜单"插入"|"拉伸"选项,系统显示如图 4.2 所示的拉伸特征操控板,并提示"选取一个草绘"(如果首选内部草绘,可在放置面板中找到"定义"选项),如图 4.3 所示。该操控板的图标含义如表 4.2 所示。

图 4.2　拉伸操控面板

图 4.3　拉伸上滑面板

表 4.2　拉伸操控面板图标介绍

图　标	含　义
▢	建立实体拉伸特征
◠	建立曲面拉伸特征
▢	加厚草绘,选项为选定的截面轮廓指定厚度
◪	创建移除材料的拉伸特征,从已有的模型中去除材料
◪	变换特征的拉伸方向
▮▮	暂停使用当前特征工具,访问其他可用工具
❍❍	模型预览,选中该按钮进行模型的特征预览,以观察建立的特征。若预览出错,表明特征的构建有误
✔	确认当前特征的建立或重定义
✖	放弃当前特征的建立或重定义
放置	单击该按钮显示放置下滑面板
选项	单击该按钮显示下滑选项面板

2. 加厚草绘

"加厚草绘"选项可用在多种类型的特征中,包括拉伸、拉伸、混合和扫描特征。创建其中的一个特征后,可使用"加厚草绘"(Thicken Sketch)▢选项为选定的截面轮廓指定厚度。单击拉伸特征操控板上的"加厚草绘"按钮▢,得到如图 4.4 所示选项。

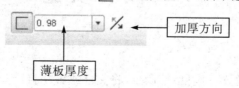

图 4.4　拉伸加厚选项

- 可以创建添加或切除材料的特征。
- 可以编辑材料厚度,如图 4.4 所示。
- 也可更改添加厚度的草绘侧,或通过使用"更改厚度侧"(Change Thickness Side) 切换选项来为草绘的两侧同时添加厚度。
- 对开放草绘和封闭草绘均可使用此选项。

3. 选项菜单

单击拉伸特征操控板上的"选项"菜单,得到如图 4.5 所示面板。

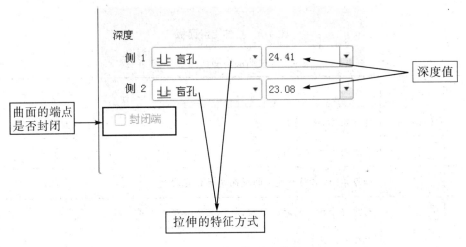

图 4.5　拉伸面板选项菜单

- 面板中的第 1 侧、第 2 侧栏供用户选择拉伸特征的方式,并显示当前的拉伸尺寸,用户也可直接更改拉伸尺寸。
- 封闭端:建立曲面拉伸特征时该项被激活,以选择拉伸曲面的端口是封闭的还是开口的。

4. 属性菜单

单击拉伸特征操控板上的"属性"菜单,弹出如图 4.6 所示的面板,显示当前特征的名称,用户可在名称栏修改特征的名称;单击按钮 打开该特征的信息窗口。

图 4.6　拉伸面板属性菜单

4.4　项 目 实 施

1. 设置工作目录

单击菜单"文件"|"设置工作目录"命令,将文件放置在自己建立的文件夹下,以便更好的管理文件,操作如图 4.7 所示。

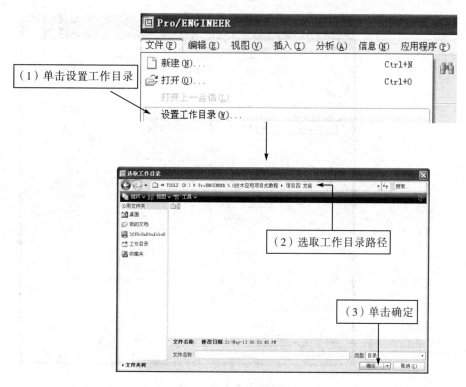

图 4.7　设置工作目录

2. 新建文件

单击工具栏新建按钮，出现"新建"对话框，如图 4.8 所示操作。

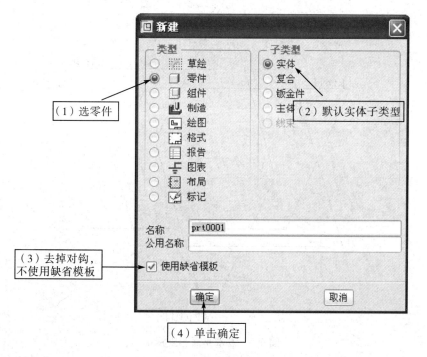

图 4.8　新建文件步骤

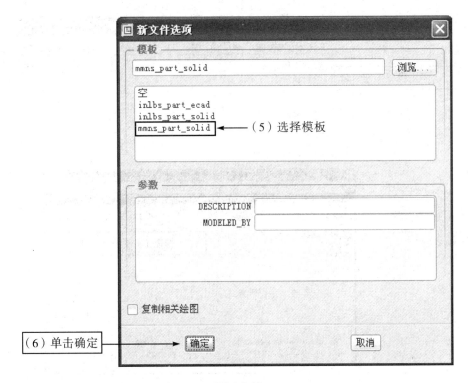

图 4.8 续

在三维零件绘制环境中,默认的有基准平面(FRONT、TOP、RIGHT)、坐标系(PRT_CSYS_DEF),如图 4.9 所示。

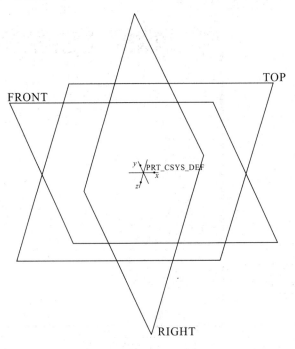

图 4.9　基准平面和坐标系

3. 拉伸创建底板

（1）单击 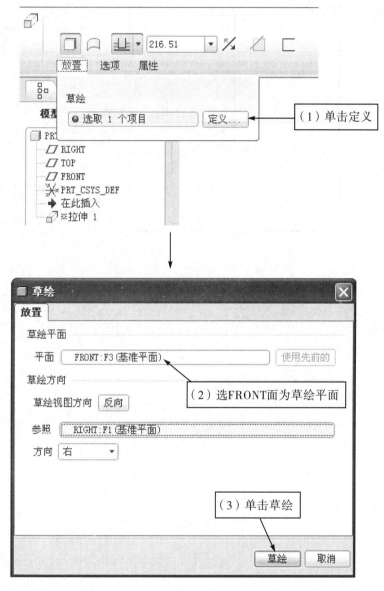 按钮，打开拉伸特征操控板；

（2）单击"放置"菜单，打开"放置"面板，单击其中的"定义"按钮，打开"草绘"对话框，按图 4.10 所示操作，选 FRONT 面为草绘平面，其余默认。

图 4.10　放置草绘

小提示：

草绘平面：在该面绘制模型的特征截面或扫描轨迹线等。可选取系统的基准平面、已有模型特征上的平面或新建基准平面作为草绘平面。

参照平面：选定与草绘平面垂直的 1 个面，作为参照平面，以确定草绘平面的放置特征。

（3）单击草绘按钮后，系统即进入草绘模式。

按图 4.11 所示进行操作，最后单击工具栏上的 ✔ 按钮完成草绘。

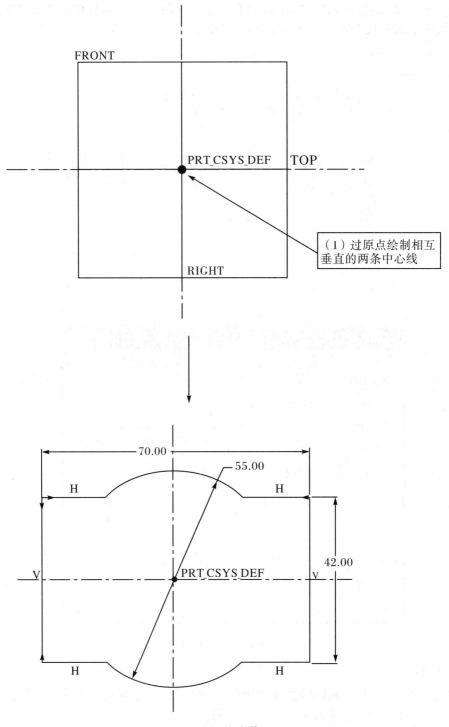

图 4.11　底座截面

小提示:为使图形清楚，可关闭基准显示。

（4）将底座截面拉伸成三维实体，在数值编辑框中输入 16，单击按钮 ✔，完成拉伸特征的创建，结果如图 4.12 所示。

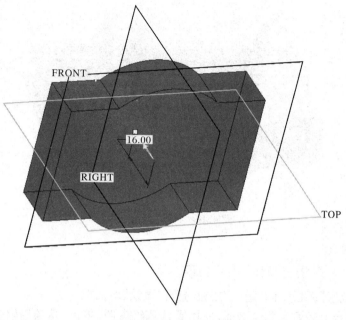

图 4.12　草图拉伸预览

5. 拉伸创建圆台

（1）单击按钮 ▱，打开拉伸特征操控板。

（2）单击"放置"面板中的"定义"按钮，打开"草绘"对话框。

（3）选择底板上表面为草绘平面，使用默认草绘参照，单击"草绘"按钮，系统进入草绘工作环境。

（4）绘制如图 4.13 所示圆台二维截面。拉伸深度为 40，单击完成按钮 ✔，返回拉伸特征操控板。完成圆台实体创建，结果如图 4.14 所示。

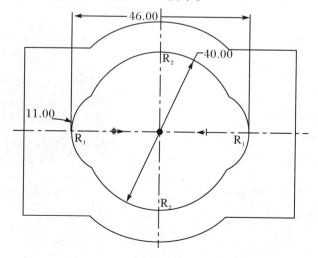

图 4.13　圆台二维截面

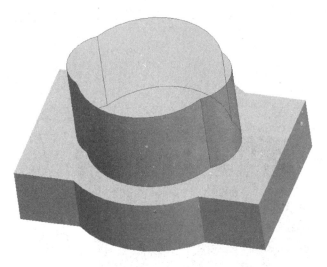

图 4.14　拉伸圆台实体

6. 拉伸创建孔

（1）单击按钮 ，打开拉伸特征操控板。

（2）单击"放置"面板中的"定义"按钮，打开"草绘"对话框。

（3）选择圆台上表面为草绘平面，使用默认草绘参照，单击"草绘"按钮，系统进入草绘工作环境。

（4）单击调色板 ，选择六角形。单击"草绘"选择放置位置，编辑尺寸，如图 4.15 所示完成按钮 ，返回拉伸特征操控板。

（5）调整拉伸方向，在操控板中单击"去除材料"（Remove Material） 。

（6）将深度改为"穿透"（Through All） 。单击完成按钮 ，如图 4.16 所示，完成零件建模。

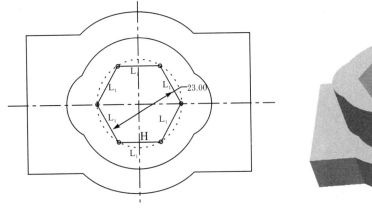

图 4.15　内孔截面

图 4.16　支座模型

4.5 知识拓展——拉伸特征的编辑与重定义

在建模的过程中,修改特征将参数化设计与特征建模结合起来,使特征作为参数的载体,然后通过特征操作构造领结的几何形状。

编辑拉伸特征的时候,需要在模型树中选取并右击特征,打开右键的快捷菜单,此菜单中包括修改方式。

拉伸特征是参数化的几何实体,可以通过改变草图截面形状、尺寸重新定义或编辑拉伸特征。

编辑拉伸特征主要有两种方法:

1. 编辑尺寸值

在模型树中选取特征,点击右键,弹出如图4.17所示的菜单,从中选取"编辑",单击"编辑"选项,然后双击尺寸,在文本框中设置新值,按回车结束。单击"再生模型" 完成编辑尺寸。

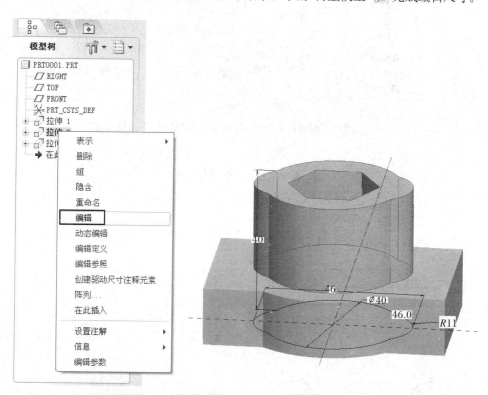

图4.17 右键下"编辑"与模型显示的编辑尺寸

注意:要修改特征尺寸,也可以在绘图区域双击特征对象,对象加亮,显示各参数值,选择要修改的参数双击,重新设置值,回车完成,并再生模型。

2. 重新定义特征

拉伸特征的重新定义包括生成的类型、方向、拉伸深度、截面的形状大小、位置等参数。

重定义特征与编辑尺寸的区别在于后者无法编辑特征生成的方向。

　　方法:选中要编辑的特征右击,选择"编辑定义"单击,拉伸操作面板就会打开。单击放置,在下拉菜单中选择"编辑",如图 4.18 所示,进入草绘平面,对草绘图形进行修改。

　　利用拉伸操控面板中的工具和文本框,修改生成的特征类型、方向和拉伸深度。

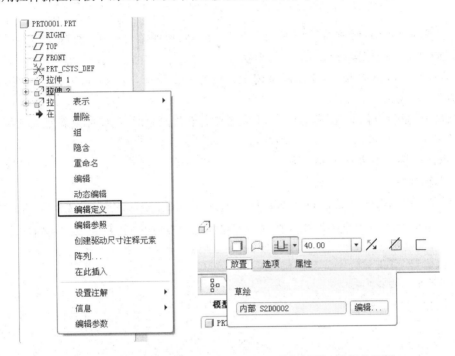

图 4.18　右键下"编辑定义"与拉伸面板上的"放置"下滑操作面板

4.6　实 战 练 习

(1) 根据图 4.19 所示尺寸创建模。

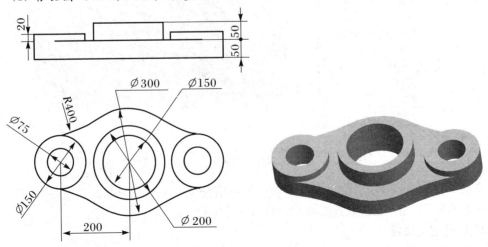

图 4.19

（2）根据图 4.20 所示尺寸创建模型。

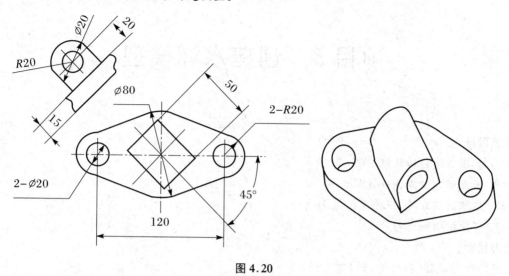

图 4.20

（3）根据图 4.21 所示尺寸建模。

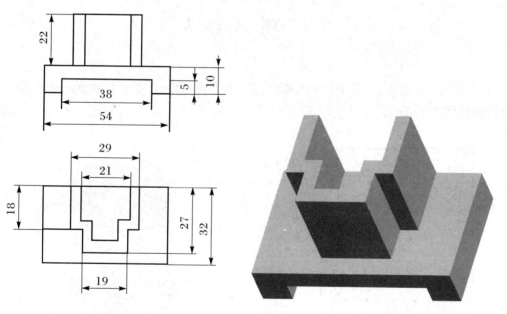

图 4.21

项目5　创建水杯模型

知识目标：
① 掌握创建旋转特征过程；
② 掌握创建扫描特征过程；
③ 熟练使用旋转、扫描操控板选项；
④ 掌握扫描特征的分类。

能力目标：

熟练使用旋转、扫描特征创建模型。

5.1　项 目 导 入

生产图5.1所示水杯，需建立三维模型，进而进行模具设计，要求根据图示尺寸，建立三维模型（壁厚为3 mm）。

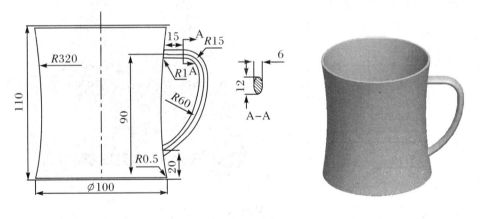

图5.1　水杯

5.2　项 目 分 析

根据图5.1可知，该产品为薄壁件，水杯体可以采用先创建实体再抽壳和旋转加厚的两种方法，本节采用旋转加厚的方法。水杯手柄采用扫描方式创建。具体建模过程见表5.1。

表 5.1　水杯的建模过程

关键步骤	图　示
（1）旋转创建水杯体	
（2）扫描创建水杯手柄	
（3）倒圆角	

5.3　相 关 知 识

5.3.1　旋转特征

旋转特征是由特征截面绕旋转中心线旋转而成的一类特征，它适合于构建回转体类零件。同拉伸特征一样，旋转特征可以有实体、曲面和薄壁特征等 3 种类型。

在建模的过程中，旋转特征主要用于回转类零件的创建，端盖、轴齿轮等盘类零件或柱体类零件都可以看成是将剖面绕轴向中心线旋转 360° 而生成的特征。

1. 旋转特征操控板

旋转操作是将剖截面绕着草绘平面内的中心轴线单向或双向旋转一定角度而形成的旋转特征。利用旋转操作可以向模型中增加或去除材料，区别在于两者创建零件模型的动向不同。例如，创建轴类零件上的割槽特征时，可以通过旋转并去除材料的操作获得。

新建一个零件文件，单击绘图区右侧的"旋转工具"按钮 ⟨⟩（或单击菜单"插入"|"旋转"选项）系统显示如图 5.2 所示的旋转"特征操控板"，并提示"选取一个草绘"（如果首选内部草绘，可在放置面板中找到"定义"选项）。该特征面板菜单含义类似于前面拉伸特征操作面板，这里不再叙述。

图 5.2　旋转特征面板

2. 创建旋转特征

旋转特征包括实体、曲面、薄壁 3 种。如果创建实体特征,绘制的剖截面须是封闭的轮廓曲线;如果创建为曲面特征,则剖截面可以是单个的直线、圆弧以及样条或封闭曲线组合。

要创建实体特征,首先在"旋转特征"(选择旋转类型)点击"定义"|"草绘"平面(定义视图参照和视图方向,然后进入草绘环境绘制截面草图,完成草绘。)设置角度值大小限制旋转角度(若生成旋转剪切特征,点击"去除材料" ⃤),完成单击"确定"(图 5.3)。

图 5.3

注意:实体类型是系统默认的选择,创建实体特征时无需再选;绘制草绘时,需利用"中心线工具" ⸬ 绘制一条中心线,且截面草图需位于中心线一侧。

3. 旋转角

通过 2D 草绘创建旋转特征后,可采用多种方式设置特征的旋转角深度,具体取决于要捕捉的设计目的(图 5.4)。旋转角选项包括:

• ⸬ 可变(盲孔)(Variable(Blind)):此为缺省旋转角选项。可通过拖动控制滑块、编辑模型上的尺寸或使用操控板来编辑此旋转角度值。操控板还包含 4 个预定义的角度 90°、180°、270°和 360°可供选取。

• ⊞ 对称(Symmetric):截面在草绘平面的两侧对等旋转。可以像使用"可变"(Variable)深度角度选项那样编辑特征的总旋转角度。因此,"对称"(Symmetric)角度本质上与"可变对称"深度相同。

• ⸬ 到选定项(To Selected):此选项可使旋转在选定曲面或基准平面处停止。不需要角度值尺寸,因为选定曲面控制旋转角。选定基准平面或曲面的位置决定旋转相对于旋转轴在何处停止。在图 5.4 中,在旋转轴的右侧选取了基准平面 DTM2。如果在旋转轴的左侧选取基准平面 DTM2,则特征将在停止之前再旋转 180°。

• 侧 1/侧 2(Side1/Side2):可以独立控制截面在草绘平面每侧的旋转角度。缺省情况下,截面在"侧 1"(Side1)上旋转;但是,也可以使截面在"侧 2"(Side2)上旋转。除"对称"(Symmetric)之外,上述任一选项均可用于任一侧。

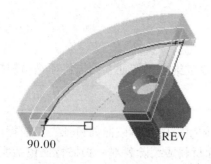

可变旋转角深度侧1旋转角"到选定的"

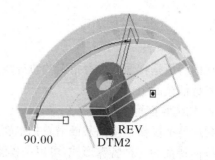

可变旋转角深度侧2旋转角"可变"

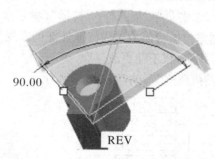

图 5.4   对称旋转角深度

4. 编辑旋转

编辑旋转特征可以编辑特征生成方向、旋转角度、旋转剖截面大小、形状和位置尺寸参数,还可以定义特征参照、删除、隐含以及隐藏特征。

选中要修改的旋转特征,右击鼠标,点击"编辑定义"可以返回操作面板上修改特征的旋转角度、旋转类型等。

5. 薄板旋转选项

单击旋转特征操控板上的"薄板旋转"按钮 ⌷ 。

注意:对开放草绘和封闭草绘均可使用薄壁旋转选项。如果要想生成实体,则草绘轮廓必须是封闭的。

6. 选项菜单

单击旋转特征操控板上的"选项"菜单,得到如图 5.5 所示面板。

·板中的"侧 1"、"侧 2"栏供用户选择旋转特征的方式,并显示当前的旋转角度,用户也可直接更改旋转角度。

·封闭端:建立曲面旋转特征时该项被激活,以选择旋转曲面的端口是封闭的还是开口的。

图 5.5   选项菜单

7. 属性菜单

单击旋转特征操控板上的"属性"菜单,显示当前特征的名称,用户可在"名称"栏修改特征的名称;单击按钮 **i** 打开该特征的信息窗口。

5.3.2　扫描特征

扫描特征是将截面沿着指定的轨迹线掠过生成三维实体特征。扫描特征是由扫描的轨迹线和特征截面组成。

1. 扫描特征操控板

扫描特征操作是将剖面截面沿着扫描轨迹线延伸生成的实体或曲面特征。扫描特征可以看成拉伸特征的一种特殊形式,可以向模型中增加材料或去除材料。扫描特征包括实体、曲面以及薄壁 3 种类型。

(1) 新建一个零件文件,单击菜单"插入"→"扫描",显示如图 5.6 所示的级联菜单,在该菜单中选择相应的选项创建扫描特征。扫描特征外部可表现为伸出项、薄板伸出项、切口等 7 种类型。扫描类型一旦确定,将不能更改。

(2) 点击"伸出项"→"扫描轨迹"菜单,如图 5.7 所示。

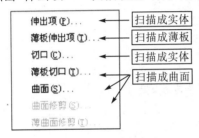

图 5.6　扫描级联菜单

图 5.7

草绘轨迹:在草绘图中绘制扫描轨迹线。

选取轨迹:选择已有的曲线作为扫描轨迹线。

(3) 点击"草绘轨迹"→设置草绘平面和参考面→草绘界面,绘制轨迹,如图 5.8 所示。若选取的是"选取轨迹"则显示对话框如图 5.9 所示:

图 5.8　草绘设置

5.9　轨迹选取

依次(One By One):选取各条曲线或边。

相切链(Tangnt Chain):选取相切边链。

曲线链(Curve Chain):选取曲线链。

边界链(Bndry Chain)：选取属于同一曲面列表的单侧边链。

曲面链(Surf Chain)：选取属于同一曲面的边链。

目的链(Intent Chain)：选取目的链。

选取/取消选取(Select/Unselect)：选取或取消选取链边。

修剪/延伸(Trim/ Extend)：修剪或延伸链端点。

起始点：选择扫描曲线的开始点。

完成：单击该键完成轨迹曲线的设定。

退出：单击该键终止链选择，返回到上一级菜单。

（4）完成轨迹设置，弹出图 5.10 所示菜单。

图 5.10　属性元素菜单

自由端(Free Ends)：不将扫描端点附加至相邻几何。此为缺省选项，如图 5.11 所示，弯管的端点与顶部和底部平曲面之间存在间隙。

合并端(Merge Ends)：将扫描的端点合并到相邻实体中。要执行此操作，扫描端点必须与其他实体几何接触。图 5.12 中显示了合并的扫描端点。弯管与顶部和底部平曲面之间的间隙现已消失。

图 5.11　自由端与合并端的区别

（5）进入定义界面→单击伸出项菜单中的"确定"，完成扫描特征。

定义：定义或更改特征步骤。

参照：显示参照信息，定义原点轨迹线、截面和轨迹线的位置关系。

信息：显示特征的名称、参数等信息。

预览：观察扫描结果。

确定：完成扫描特征。

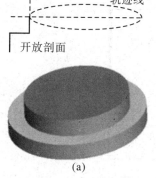

图 5.12　扫描伸出项

小提示：

· 创建扫描特征，当轨迹封闭时，会出现"是否添加内部表面菜单"对话框，"添加内部表面"表示扫描结束后，在截面起点和终止点扫描形成的区域分别生成实体，形成封闭模型，此时要求截面必须开放。图 5.13(b)所示为封闭轨迹扫描，如不添加内部表面，结果如图 5.13(a)所示。

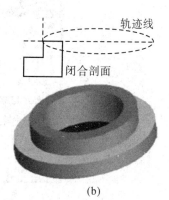

（a）　　　　　　　　　　　　　　　（b）

图 5.13　扫描截面的开放与闭合

- 绘制的草绘特征截面不可彼此相交。
- 截面与轨迹设置不当会造成扫描干涉，不能完成扫描特征的建立。

2. 编辑扫描

编辑扫面特征可以编辑扫面的轨迹线、剖截面大小、形状尺寸参数，还可以定义特征参照、删除、隐含、重命名以及隐藏特征等操作。

选中要修改的扫描特征，右击鼠标(图 5.14)，点击"编辑定义"→在操作面板上选择"轨迹"或"截面"→"定义"(返回到轨迹或截面草绘界面)。

图 5.14　编辑扫描

5.4　项目实施

(1) 设置工作目录(步骤同项目 4)。

(2) 新建文件夹(步骤同项目 4)。

(3) 旋转创建水杯体。

① 单击 按钮，打开旋转特征操控板。

② 单击"放置"菜单，打开"放置"面板；单击其中的"定义"按钮，打开"草绘"对话框，按图 5.15 所示操作。

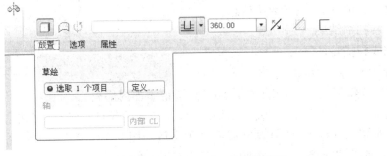

图 5.15　操作步骤

③ 单击"草绘"按钮后,系统即进入草绘模式。

按图 5.16 所示进行操作,最后单击工具栏上的 ✔ 按钮,完成草绘。

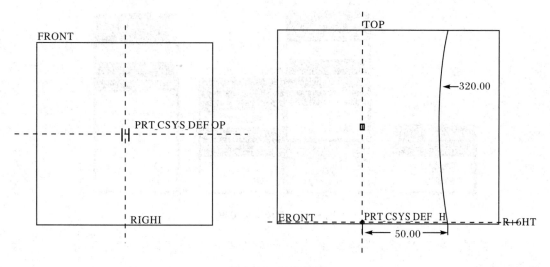

图 5.16　旋转截面

④ 将二维草图旋转成三维特征。点击旋转工具 ⟡ →加厚草绘中输入数值 2 →单击按钮 ✔ ,完成旋转特征的创建,如图 5.17 所示。

图 5.17　杯体

(4) 扫描水杯柄

① 单击按钮"插入""扫描""伸出项"(打开扫描特征操控板)(图 5.18)。

图 5.18　扫描伸出项

② 单击"草绘轨迹"选择 TOP 为草绘平面→单击"确定"→单击"缺省"(使用默认草绘参照,系统进入草绘工作环境)(图 5.19)。

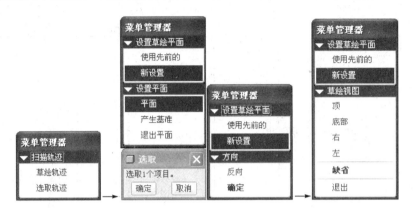

图 5.19　草绘环境设置

(5) 绘制如图 5.20 所示轨迹线,单击完成按钮 ✔ →"属性"菜单→"合并端"→进入截面草绘环境。

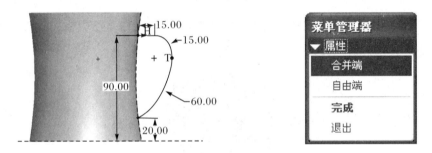

图 5.20　扫描轨迹与属性

(6) 绘制如图 5.21 所示的二维截面,单击完成按钮 ✔ ,返回到扫描操作面板,单击"预览"→单击"确定"完成。

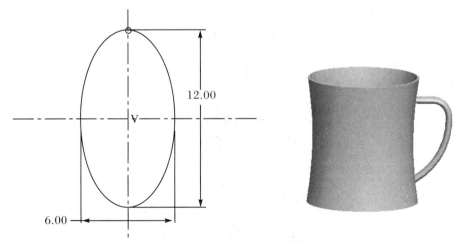

图 5.21　扫描截面与扫描结果

（7）倒圆角。

a. 单击按钮 ⚙ ，打开倒圆角特征操控板。

b. 输入角度 0.5。

c. 选择水杯上边沿和下边沿，单击按钮 ✔ ，见图 5.22。

d. 单击按钮 ⚙ （再次打开倒圆角特征操控板）→选择水杯手柄与水杯壁结合边→输入数值 1→单击按钮 ✔ ，完成水杯建模（图 5.23）。

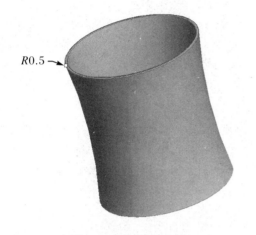

图 5.22 水杯杯口倒角

图 5.23 水杯模型

5.5 知识拓展——为何扫描特征会失败

（1）扫描特征定义轨迹后，可以选取该截面的起始点。选中轨迹的端点，单击鼠标右键选择"起始点"，就可以更改。起始点是截面开始扫描的位置。

（2）如果出现以下 3 种情况之一，则扫描特征可能会失败。

·轨迹自交。

·将截面与固定图元对齐或相对于固定图元标注截面，但在沿 3D 轨迹扫描时，截面的方向发生变化。

·轨迹弧或样条半径相对于截面过小，而且特征在弧周围横移时自交。

（3）本模型在创建过程中，水杯壁还可以先旋转成实体模型再抽壳，请读者自己尝试下。

5.6　实　战　练　习

(1) 根据图 5.24 所示尺寸,创建模型(提示:在建模过程中采用扫描特征)。

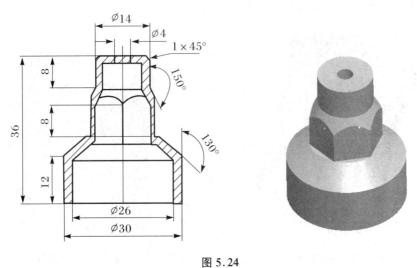

图 5.24

(2) 根据图 5.25 所示尺寸,创建模型(提示:在建模过程中该模型橙色的部分可采用扫描特征)。

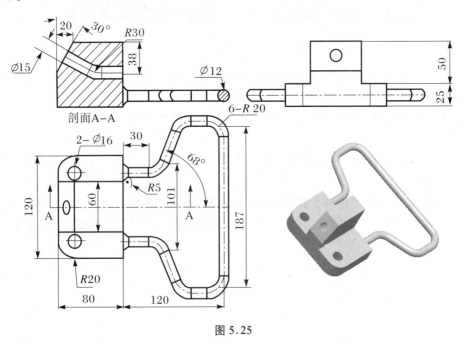

图 5.25

（3）根据图 5.26 所示尺寸创建水壶，水壶手柄部分采用扫描建模。

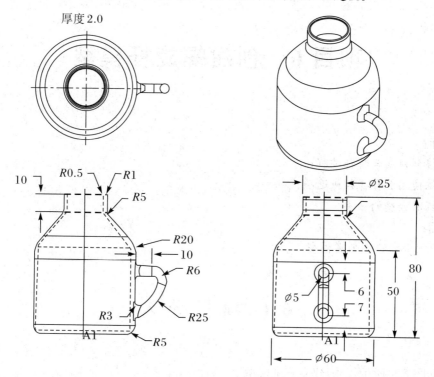

图 5.26

项目6 创建螺旋杆模型

知识目标：

① 掌握创建混合特征过程；

② 熟练使用混合操控板选项；

③ 掌握混合征的分类。

能力目标：

熟练使用混合特征创建模型。

6.1 项 目 导 入

根据图6.1所示尺寸，建立三维模型。

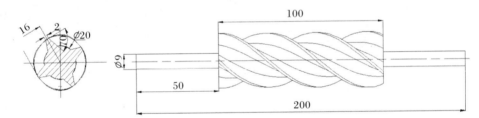

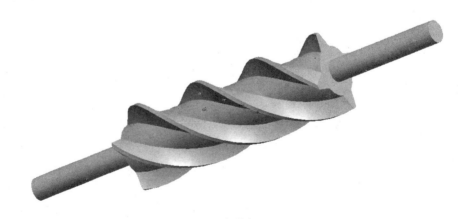

图6.1　螺旋杆

6.2　项 目 分 析

　　根据图 6.1 可知,该产品由两部分组成,杆和螺旋状部分,螺旋部分采用平行混合的方法创建,杆部采用拉伸的方法创建,具体建模过程见表 6.1。

表 6.1　螺旋杆的建模过程

关键步骤	图　示
(1) 创建拉伸基础实体特征	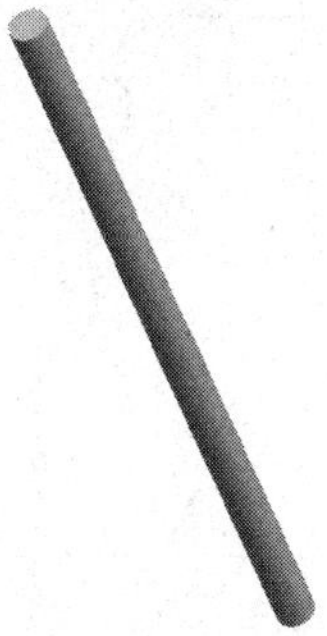
(2) 创建辅助基准平面	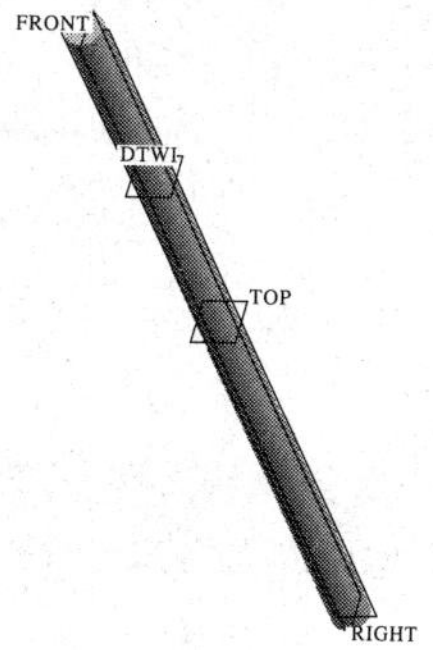
(3) 创建一般混合特征	

6.3　相 关 知 识

　　混合特征是按照指定的混合方式,连接两个或两个以上的剖截面而形成的实体或曲面特征模型。根据混合方式,混合特征可以分为平行混合、旋转混合和一般混合方式,每一类型都包括伸出项、切口、曲面、曲面修剪、薄板伸出项、薄板切口和薄板曲面修剪等 7 种类型。

6.3.1　混合特征操控面板

混合特征可创建使用不同横截面草绘的切口和伸出项等，根据不同的混合方式，剖截面可以在同一个草绘环境中绘制，也可以在单独草绘环境中绘制。

新建一个零件文件，在主菜单中单击"插入"→"混合"→"伸出项"→在菜单管理器中，单击"完成"→"直"→"完成"→选取基准平面 FRONT，然后单击"确定"→"缺省"进入草绘界面（图 6.2）。

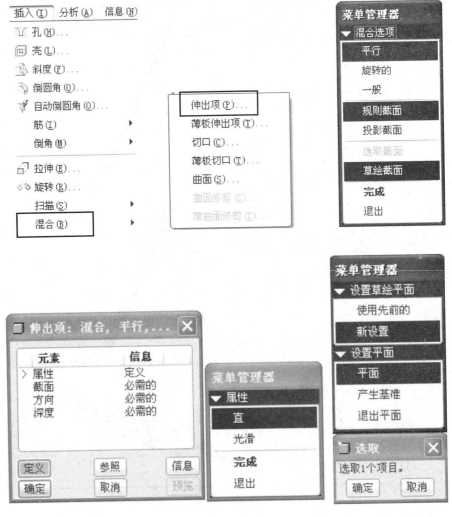

图 6.2　混合伸出项属性定义

图 6.2 续

现将该操控板介绍如下(图 6.3)：

1. 属性

直(Straight)：使用直线连接混合截面，此为缺省选项。

光滑(Smooth)：使用光滑曲线连接混合截面。

2. 截面

· 至少需要两个截面；

· 每个截面包含等数量的图元；

· 将起始点排列整齐。

3. 方向

指定在哪个方向上投影混合截面。

4. 深度

剖截面之间的距离。在平行混合创建的过程中，以
平行混合创建的第一个截面保留在草绘平面上。每个后续截面都会在特征的创建方向上以指定距离垂直于草绘平面进行投影。

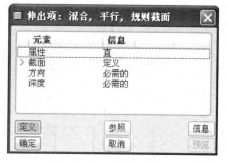

图 6.3　混合伸出项窗口

6.3.2　平行混合

平行混合是混合特征中最简单的方法，平行混合中所有的截面都相互平行，所有的截面都在同一窗口中绘制，截面绘制完毕，指定截面的距离即可。

(1) 在主菜单中单击"插入"→"混合"→"伸出项"。

(2) 在菜单管理器中，单击"完成"→"直"→"完成"。

(3) 选取基准平面 TOP，然后单击"确定"→"缺省"。

绘制如图 6.4 所示的草绘。

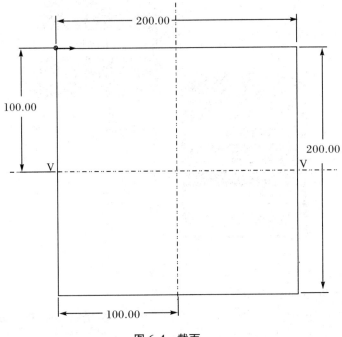

图 6.4　截面一

（4）单击背景以清除所选内容，然后单击右键并选取"切换截面"，如图 6.5 所示。

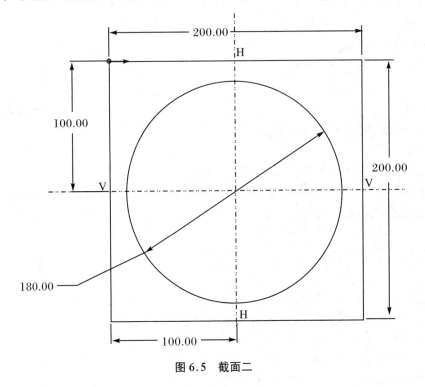

图 6.5　截面二

绘制单击"分割"按钮将圆分割成 4 段圆弧,如图 6.6 所示。

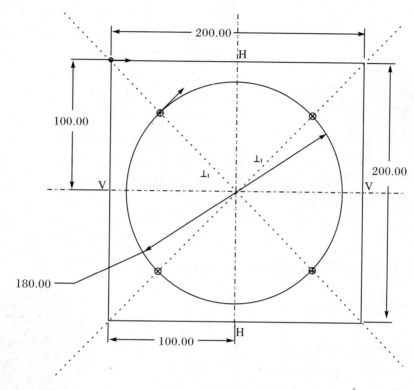

图 6.6　各截面顶点对齐

(5) 单击"完成截面"(Done Section) ✔ 。

将截面 2 的深度改为 500,单击 ✅ (图 6.7)。

输入截面2的深度

500.0000

图 6.7　混合截面深度

(6) 然后单击"确定"(图 6.8)。

小提示:

① 在建立混合特征时,无论采用何种混合形式,所有的混合截面必须具有相同数量的边,当数量不同时,可通过如下方式解决。

方法一:使用草绘命令工具栏中的"分割"按钮。

方法二:利用"混合顶点"命令;单击菜单"草绘"→"特征工具"→"混合顶点"选项,指定草绘截面的 1 个点作为一条边。

此外,在绘制特征截面时应注意截面起始点的位置不同,混合后的结果有所不同。截面的起始点就是截面绘制完后,截面中出现的箭头位置,通过右键菜单中的"起始点"选项,可以更改起始点的位置。

图 6.8　混合结果

图 6.9　五角星图形

· 混合顶点（Blend Vertex）：混合的每个截面必须始终包含相同数量的图元。对于没有足够的几何图元的截面，可以添加混合顶点。混合顶点允许顶点收敛或发散。

· 起始点（Start Point）：通常来说，两个截面之间的起始点应对应于同一顶点位置。通常，起始点在创建截面时所选取的第一个位置上创建。例如，如果草绘一个矩形，则起始点将被置于创建矩形时所选取的第一个拐角处，尽管可对其进行重定位。如果截面之间的起始点未排列整齐，则生成的混合特征将会发生扭转。

② 混合到点（Blend in to a Point）：混合可起始或终止于一个点，如图 6.9 所示。这是一种例外情况，混合截面不必包含相同数量的图元。五角星图形混合截面具有数量不相同的边。

6.3.3　旋转混合

参与旋转混合的截面间彼此成一定角度。在绘制旋转混合截面时，每一截面必须在草绘模式下建立一个相对坐标系，并标注该坐标系与其基准面间的位置尺寸；将各截面的坐标系统一在同一平面上，然后将坐标系的 Y 轴作为旋转轴，定义截面绕 Y 轴的转角即可建立旋转混合特征。例如，绘制如图 6.10 所示图形。

（1）在主菜单中单击"插入"→"混合"→"薄板伸出项"（图 6.11）。

图 6.10　旋转混合创建实体模型

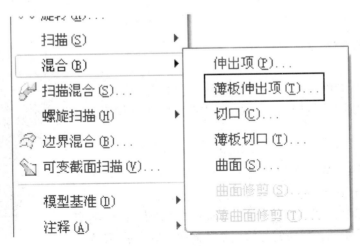

图 6.11　混合薄板伸出项

（2）在菜单管理器中，单击"旋转的"→"规则截面"→"完成"→"光滑"→"开放"→"完成"→"新设置"→"平面"，选择 TOP 平面→"确定"→"缺省"（图 6.12）。

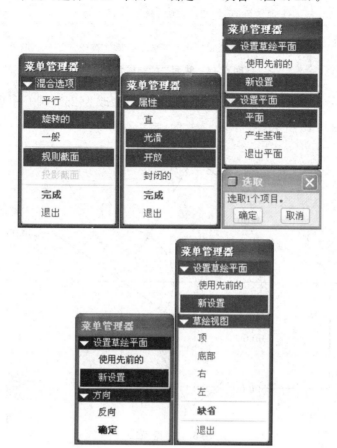

图 6.12　混合薄板伸出项属性设置过程

（3）在草绘截面绘制草图。点击 ⤷，在草图中建立坐标系，点击 ◉ 调色板，选择六边形，比例改为 200，六边形距离坐标系 500，如图 6.13 所示。点击 ☑ →"确定"完成第一个截面。

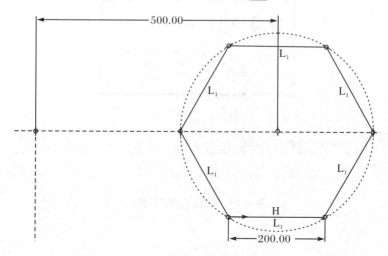

图 6.13　截面一

（4）输入截面 2 的旋转角度 45°。点击 ，进入草绘，绘制第二个截面（图 6.14）。

图 6.14　截面二的旋转角度

（5）先点击 ⊁，在草图中建立坐标系，点击 ○ 直径改为 250，圆心距离坐标系 500，并将圆截面分割如图 6.15 所示。

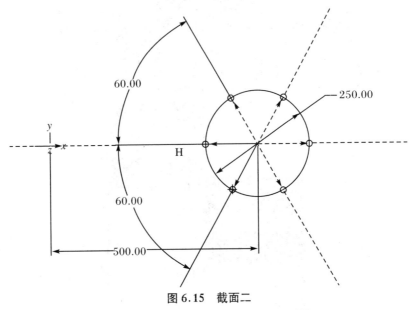

图 6.15　截面二

点击 ☑，在弹出的菜单中选择"是"，输入角度 45°，点击  →选择继续下一截面"是"，如图 6.16 所示。

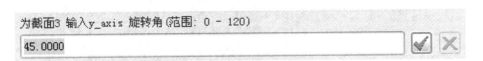

图 6.16　截面三的旋转角度

（6）绘制第三个截面，建立坐标系，绘制边长为 100 的六边形，如图 6.17 所示。

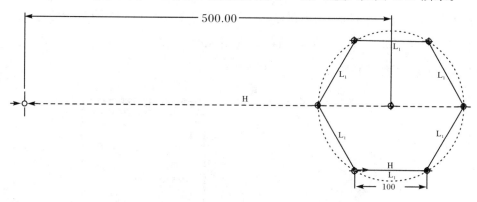

图 6.17 截面三

在弹出的菜单中选择"否"，在弹出的菜单中选择"完成"→"确定"，创建如图 6.18 所示的实体。

图 6.18 旋转混合的实体

6.3.4 一般混合

一般混合是 3 种混合特征中使用最灵活、功能最强的混合特征。参与混合的截面可沿相对坐标系的 X、Y、Z 轴旋转或者平移，其绘制的基本操作步骤同旋转混合的操作步骤。

6.4 项 目 实 施

1. 新建文件
进入三维零件绘制环境。

2. 创建拉伸基础实体特征

点击📁,鼠标放在工作区,右击鼠标,选择"定义内部草绘",选择 TOP 基准平面作为草绘平面,点击"草绘"进入草绘环境,绘制草图,点击☑,完成草绘。修改拉伸长度 200,点击☑,完成拉伸特征(图 6.19)。

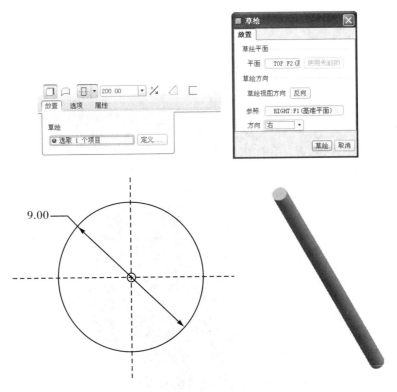

图 6.19　拉伸基础实体流程

3. 创建基准平面

点击"基准平面"▱,选择拉伸实体的端面为参照,偏移距离 50,创建基准平面 DTM1(图 6.20)。

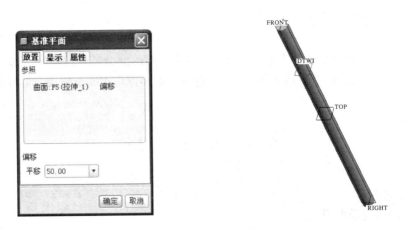

图 6.20　创建基准平面

4. 创建混合特征

（1）单击"插入"→"混合"→"伸出项"→"一般"→"完成"→"光滑"→"完成"，选择 DTM1 平面，点击"确定"→"缺省"进入草绘环境，如图 6.21 所示绘制，点击 ↳ 在草绘中心添加坐标系。

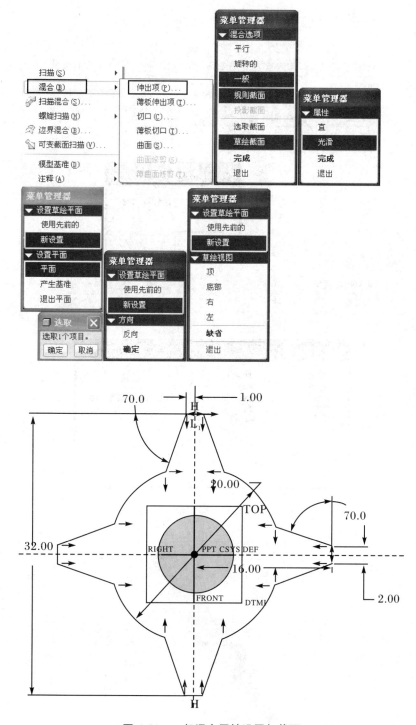

图 6.21　一般混合属性设置与截面

（2）单击☑完成草图绘制。如图 6.22 所示过程操作，在弹出的菜单中输入绕 X 轴、Y 轴、Z 轴旋转的角度分别是 $0°,0°,60°$，绘制第二截面，其形状同第一截面，继续下一截面，点击"是"，设置相同的旋转角度，连续绘制 6 个相同截面。输入每截面的距离均为 20，在混合伸出项对话框中点击"确定"，完成混合特征，如图 6.23 所示。

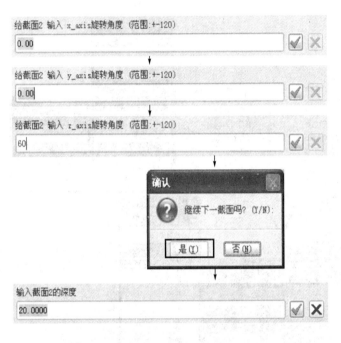

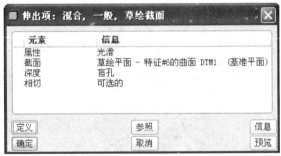

图 6.22　操作步骤

图 6.23　螺旋杆模型

6.5　知识拓展——平行混合的创建要点

创建平行混合,同一草绘平面上至少要有两个截面。与任何草绘类似,每个截面都被完全约束且经过标注。在准备创建第二个或任何后续截面时,必须切换截面。执行此操作时,现有草绘会灰显且暂时处于非活动状态。

每个截面都有其自己的起始点。起始点在各截面间应彼此对应,以免混合时产生扭曲。可在草绘中移动起始点,方法是选取所需的顶点并右键单击,然后选取"起点"(Start Point)。建模过程,每个截面必须包含相同数量的图元(或顶点)。此规则有两种例外情况。第一,混合可起始或终止于一个点。第二,可添加若干个混合顶点,它们被视为"图元"。例如,利用放置在三角形截面上的混合顶点,系统可以对方形进行混合。实质上系统会连接各截面上的点来创建混合特征。

6.6　实战练习

(1) 根据图 6.24 所示尺寸,创建花瓶,花瓶壁厚 2 mm。

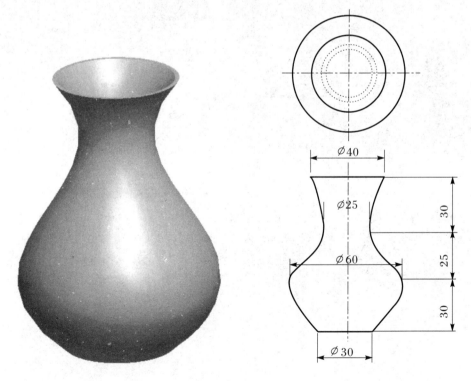

图 6.24

（2）根据图 6.25 所示尺寸，创建模型。

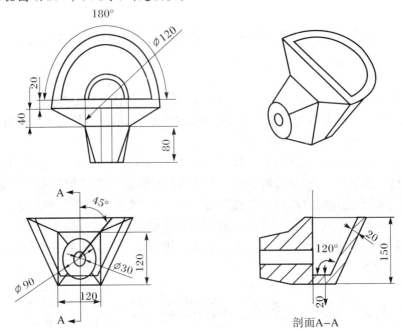

剖面A–A

图 6.25

项目 7 创建透盖零件模型

知识目标：

① 掌握创建孔特征过程；

② 掌握创建圆角、倒角特征过程；

③ 掌握创建壳特征过程。

能力目标：

能灵活应用孔、圆角、倒角、壳特征创建模型。

7.1 项 目 导 入

某厂生产如图 7.1 所示透盖零件，要求建立其三维模型。

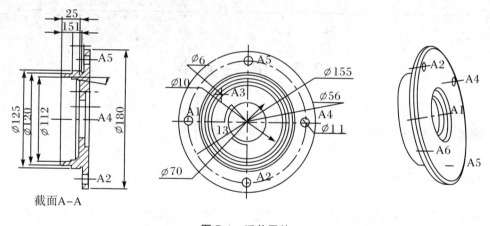

图 7.1 透盖零件

7.2 项 目 分 析

该透盖属于盘套类零件，主体可以直接旋转特征创建得到；另外，端面的孔可用孔特征＋阵列完成；$\varnothing$112 处有 10°锥度，可用拔模完成，也可直接在旋转特征时完成；$\varnothing$180 处和 $\varnothing$112 处锥底各有 $R5$、$R3$ 倒圆角。

表 7.1　透盖的建模过程

关键步骤	图　　示
（1）旋转特征	
（2）孔特征及阵列	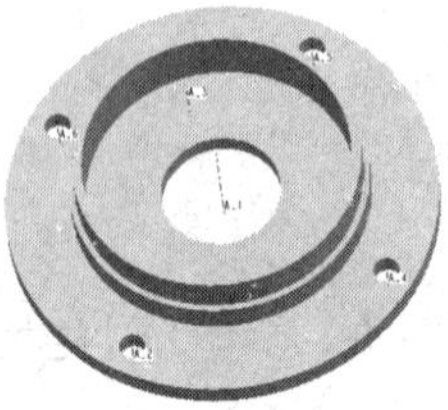
（3）拔模及倒圆角	

7.3　相 关 知 识

旋转特征的相关知识已在前面详述，这里就不再赘述。

7.3.1　孔特征

在 Pro/E 5.0 中把孔分为"简单孔"、"标准孔"和"草绘孔"。我们可以直接使用 Pro/E 5.0 提供的"孔"命令，方便、快捷地制作孔特征。在使用孔特征命令制作孔时，只需指定孔的放置平面并给定孔的定位尺寸及孔的直径、深度即可。

1. 孔特征操控板

在已知零件上某表面进行孔特征操作，可点选绘图区右侧的孔工具 ，或单击菜单"插入"|"孔"选项，系统显示如图 7.2 所示的孔特征操控板，并且在信息区提示：选取曲面、轴或点来放置孔。现将该操控板介绍如下。

（1）进行孔特征操作时，系统默认为"简单孔"，其按钮被按下。操控板显示如图 7.2 所示。

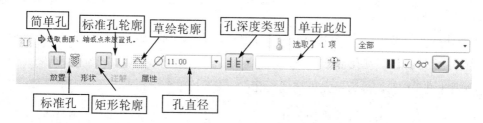

图7.2 "简单孔"状态下特征操控板

- 孔轮廓选项:指示要用孔特征轮廓的几何类型。
- ·"矩形" ⊔:使用预定义的矩形;
- ·"标准孔轮廓" ▒:使用标准轮廓作为钻孔轮廓;
- ·"草绘" ▒:允许创建新的孔轮廓草绘或浏览选择目录中所需的草绘。
- 直径文本框 ⌀:用于控制简单孔的直径。"直径"文本框中包含最近使用的直径值,也可输入新值。
- 深度选项:显示直孔的可能深度选项,包括6种钻孔深度选项,分别如表7.2所示。

表7.2 深度选项按钮

按 钮	名 称	含 义
⊥	指定深度	在放置参照位置上,以指定的深度值在第一方向上钻孔
⊟	对称	在放置参照的两个方向上,以指定深度值的一半分别在各方向上钻孔
≡	到下一个	在第一方向上钻孔,直到下一个曲面(在"组件"模式下不可用)
⫣	穿透	在第一方向上钻孔,直到与所有曲面相交
⊥	穿至	在第一方向上钻孔,直到与选定的曲面或平面相交(在"组件"模式下不可用)
⊥	到选定的	在第一方向上钻孔,直到选定的点、曲线、平面或曲面

(2)单击"标准孔"按钮 ▒,其操控板显示如图7.3所示。

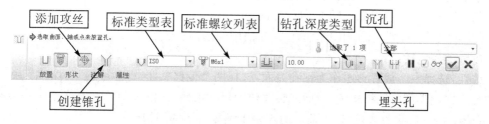

图7.3 "标准孔"状态下的操控板

- 标准类型列表 ⋃ ISO:列出3种标准,"ISO"、"UNC"和"UNF",一般使用"ISO"标准类型的标准孔,这种类型也是系统默认的标准类型。
- 标准螺纹列表 ▒ M1x.25:可选取螺纹的公称尺寸,包括其公称直径和螺距。
- 添加攻丝按钮 ⊕:使其处于按下状态时,标准孔包括螺纹。不添加螺纹时,单击此工具使其处于浮起状态。

　　·钻孔深度类型 ：列表包括钻孔肩部深度按钮  和钻孔深度按钮  。可以确定钻孔所标深度是否包括锥孔部分。

　　·"埋头孔"按钮 ：为钻孔添加埋头孔。

　　·"沉孔"按钮 ：为钻孔添加沉孔。

深度选项和深度值与简单孔类型类似(只少一个"对称"按钮)，含义不再重复。

2. 下滑面板

在"孔"操控板中有"放置"、"形状"、"注解"和"属性"4 个下滑面板。

(1)"放置"下滑面板：用于选择和修改孔特征的位置与参照，如图 7.4 所示。

图 7.4　"放置"下滑面板

　　在"放置"下滑面板中包含下列选项。

　　① "放置"列表框：用于表示孔特征放置参照的名称，只能包含一个孔特征参照，该列表框处于活动状态时，用户可以选取新的放置参照。

　　② "反向"按钮：用于改变孔放置的方向。

　　③ "类型"下拉列表框：用于指示孔特征使用的偏移参照的方法。

　　放置类型包括：

　　线性：选择一个放置参照作为钻孔表面，选择两个偏移参照，标注线性尺寸，确定孔的放置位置。线性类型可选择边线、平面或轴线作为尺寸参照，即偏移参照。偏移参照一般有两个，可按住 Ctrl 键进行复选(以下需同时选两个偏置参照的均如此)。

　　径向：选择一个放置参照作为钻孔表面，选择一根轴线和一个平面作为偏移参照，标注极坐标半径及角度尺寸——以偏移参照轴线到钻孔轴线距离为半径以及两轴线确定的平面与偏移参照平面夹角尺寸确定孔的位置。

　　直径：选择一个放置参照作为钻孔表面，选择一根轴线和一个平面作为偏移参照，标注极坐标的直径及角度尺寸——以偏移参照轴线到钻孔轴线距离的两倍为直径以及以两轴线确定的平面与偏移参照平面夹角尺寸确定孔的位置。

同轴:选择一根轴作为放置参照,此时放置类型列表中只有"同轴"可用,按住 Ctrl 键为放置参照复选一面作为第二放置参照,生成与放置参照轴线同轴,以第二个放置参照平面为钻孔面的孔。

④ "偏移参照"收集器:选取偏移参照后,在"偏移参照"收集器出现偏移参照列表。每个参照后面都有"约束"列表,定义孔轴线相对该参照的约束形式,有"偏移"和"对齐"两种。使用"对齐"约束时,孔轴线在参照上;选择"偏移"约束时,在其后会有"偏移尺寸"编辑框,可输入数值定义孔轴线相对该参照的偏移尺寸。

添加偏移参照时,鼠标左键单击"偏移参照"收集器,使其变为淡黄色,表示收集器激活,按住 Ctrl 键在图形区依次选取所需参照。欲移除某参照,可在收集器选取该参照,单击鼠标右键,在弹出的快捷菜单中选择"移除"命令。

(2)"形状"下滑面板:用于预览当前孔的二维视图并可修改孔特征属性,包括深度选项、直径和全局几何。该下滑面板中的预览孔几何会自动更新,以反映所作的任何修改。直孔和标准孔有各自独立的下滑面板选项,如图 7.5 所示。

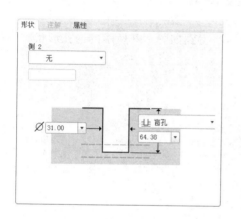

(a) 直孔状态

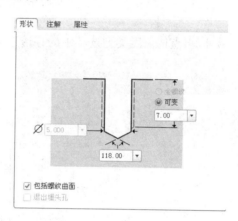

(b) 标准孔的默认形态

图 7.5　"形状"下滑面板

在标准孔的操控板上有两个控制孔的形状按钮 ⚒ 和 ⚒ 。单击按钮 ⚒ 得到如图 7.6 所示的标准孔的埋头孔形状。单击按钮 ⚒ 得到如图 7.7 所示的标准孔的沉头孔形状。

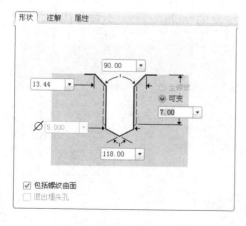

图 7.6　标准孔的埋头形状

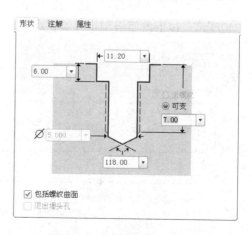

图 7.7　标准孔的沉头形状

另外,同时单击两个按钮将得到如图7.8所示沉头埋头叠加效果。

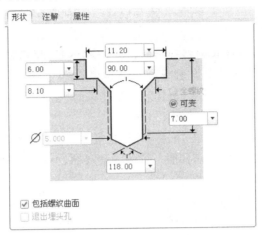

图7.8　标准孔的叠加形状

另外,再点选深度类型选项中的穿透选项 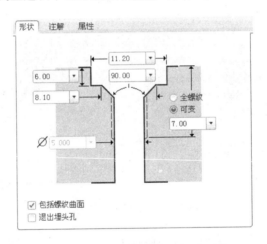,将得到如图7.9所示的通孔形状。

图7.9　标准孔的通孔埋头沉头形状

(3)"注解"下滑面板:仅适用于"标准"孔特征。在"标准孔"状态下,该下滑面板如图7.10所示。该下滑面板用于预览正在创建或重定义的"标准"孔特征的特征注释。

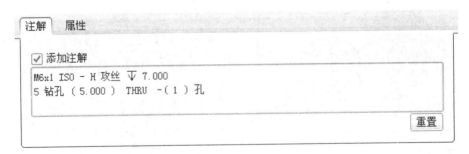

图7.10　"注解"下滑面板

（4）"属性"下滑面板：用于获得孔特征的一般信息和参数信息，并可重命名孔特征，如图 7.11 所示。"标准"孔状态与"简单"孔状态下的属性下滑面板相比增加了一个参数表。

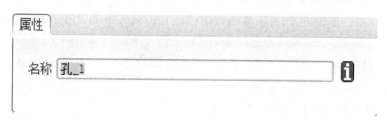

(a) "简单" 孔状态下

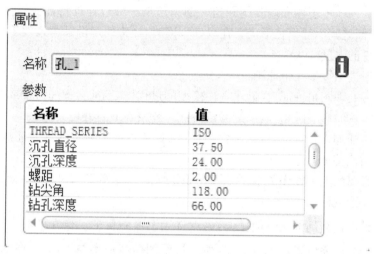

(b) "标准" 孔状态下

图 7.11　"属性"下滑面板

3. 创建草绘孔

所谓草绘孔就是使用草绘中绘制的截面形状完成孔特征的建立，其特征生成原理与旋转减材料特征类似。选择"草绘"类型，单击 按钮，建立孔的特征操控板，如图 7.12 所示。

图 7.12　草绘孔的操控板

:打开一个草绘文件，该文件作为建立草绘孔特征的草绘剖面。

:单击该按钮，直接进入草绘环境，绘制建立草绘孔特征的草绘剖面。

绘制草绘孔的步骤如下：

（1）单击菜单"插入"→"孔"命令，或单击 按钮，系统显示孔特征操控板。

（2）选定孔特征类型为"草绘"。

（3）单击 按钮打开一个草绘文件，或单击 按钮进入草绘环境绘制一个剖面。

（4）在草绘状态绘制一条旋转中心线和剖面图形，并标注尺寸。

（5）绘制完成后，单击"草绘器工具"工具栏中的"完成"按钮 ✔，系统完成草绘剖面的创建并退出草绘环境，返回孔特征操控板。

（6）单击"放置"按钮，在放置下滑面板中设定孔的放置平面及孔的尺寸定位方式，并相应标注孔的定位尺寸。

（7）单击"预览"按钮，观察完成的孔特征；单击 ☑ 按钮，完成孔特征建立。

7.3.2 倒圆角特征

在 Pro/E 5.0 中可创建和修改倒圆角。倒圆角是一种边处理特征，通过向一条或多条边、边链或在曲面之间添加半径形成。在设计零件时，经常使用倒圆角来使零件产生平滑的效果或增加零件的强度。

倒圆角一般遵循以下几个原则：

尽可能最后处理圆角特征，在创建零件模型的过程中，经常会增加特征或修改特征而改变边、面的形状，从而影响圆角，所以倒圆角特征一般放在最后处理。

使用插入特征加入新特征，做完圆角特征之后，若发现必须在圆角之前加入其他特征，可使用模型树插入特征。

为避免不必要的上下顺序关系，尽量不使用圆角的边线作为尺寸或者约束参照。

1. 倒圆角操控板

在已知零件上进行倒圆角特征操作，可点选绘图区右侧的倒圆角工具 ⌒，或单击菜单"插入/倒圆角"选项，系统显示如图 7.13 所示的倒圆角特征操控板，同时激活"切换至集模式"按钮 ⌘，并在信息区提示：选取一条边或边链，或选取一个曲面以创建倒圆角集。

图 7.13 "倒圆角"操控板

当在绘图区选取倒圆角几何时，"切换至过渡模式"按钮 ⌘ 被激活，单击此按钮可将倒圆角转换为"过渡模式"，如图 7.14 所示。

图 7.14 "倒圆角"操控板之"过渡模式"

现将该操控板介绍如下。

（1）"切换至集模式"按钮 ⌘：用于处理倒角集。此选项为默认设置，用于具有"圆形"截面形状倒圆角的选项。

半径 6.00 ▼：用于控制当前恒定的倒圆角半径值，可输入新值，也可在其下拉列表中选择最近使用的值。此选项适用于恒定半径倒圆角。

（2）"切换至过渡模式"按钮 ：用于定义倒圆角特征的所有过渡。"过渡"类型对话框可设置显示当前过渡的默认过渡类型，并包含基于几何环境的有效过渡的列表。

2. 下滑面板

"倒圆角"操控板包含"集"、"过渡"、"段"、"选项"和"属性"5 个下滑面板。

（1）"集"下滑面板

如图 7.15 所示，该下滑面板包含以下各选项。

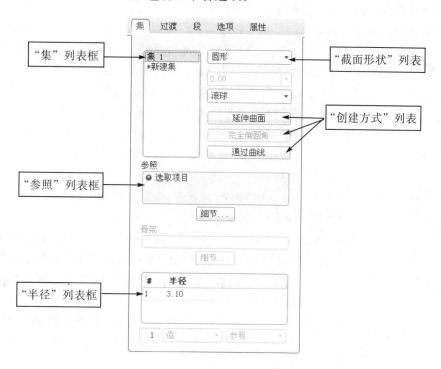

图 7.15 "集"下滑面板

①"集"列表框：包含当前倒圆角特征的所有倒圆角集，可用来添加、删除和修改倒圆角集。

②"截面形状"下拉列表：用于控制活动倒圆角集的截面形状，有"圆形"、"圆锥"、"C2 连续"、"D1×D2 圆锥"和"D1×D2C2"选项。

③"圆锥参数"下拉列表：用于控制当前倒圆锥角的锐度。当在"截面形状"下拉列表中选择除"圆形"以外的选项时，圆锥参数被激活，默认值为 0.5，可通过拖动绘图区内的控制滑块或输入 0.05～0.95 之间的数值以控制倒圆锥角的锐度。例如选择"D1×D2 圆锥"选项时，"倒圆角"操控板变为如图 7.16 所示。

图 7.16 "D1×D2 倒圆锥角"操控板

图 7.16 中的"圆锥参数"下拉列表与"集"下滑面板中的"圆锥参数"下拉列表相对应。"圆锥距离"下拉列表用于控制当前倒圆锥角的圆锥距离。可通过拖动绘图区内对应的距离控制滑块或输入圆锥距离数值确定。"圆锥距离"下拉列表中的数值与"集"下滑面板"半径"列表框中的 D(圆锥选项)或 D1、D2(D1×D2 圆锥选项)数值相对应。

④"创建方法"下拉列表:有"滚球"和"垂直于骨架"两种创建方法。

"滚球":通过沿曲面滚动球体进行创建,滚动时球体与曲面保持自然相切。

"垂直于骨架":通过扫描垂直于指定骨架的弧或圆锥剖面进行创建。

⑤"延伸曲面"按钮:用于控制活动倒圆角集的创建方法。

图 7.17　"链"对话框

⑥"完全倒圆角"按钮:单击此按钮,将活动倒圆角集切换为"完全"倒圆角,或允许使用第三个曲面来驱动曲面到曲面"完全"倒圆角。再次单击此按钮可将倒圆角恢复为先前状态。

⑦"通过曲线"按钮:单击此按钮,允许由选定曲线驱动活动的倒圆角半径,以创建由曲线驱动的倒圆角。可激活"驱动曲线"列表框。再次单击此按钮可将倒圆角恢复为先前状态。

⑧"参照"列表框:该列表框包含为倒圆角集所选取的有效参照。

⑨"骨架"列表框:根据活动的倒圆角类型,可激活下列列表框。

驱动曲线:包含曲线的参照,由该曲线驱动倒圆角半径创建由曲线驱动的倒圆角。可在该列表框中单击或使用"通过曲线"命令将其激活。只需半径捕捉(按住 Shift 键单击并拖动)至曲线即可打开该列表框。

驱动曲面:包含将由"完全"倒圆角替换的曲面参照。可在该列表框中单击或使用"移除曲面"快捷菜单命令将其激活。

骨架:包含用于"垂直于骨架"或"可变"曲面至曲面倒圆角集的可选骨架参照。在该列表框中单击或使用"可选骨架"命令将其激活。

⑩"细节"按钮:用于打开"链"对话框以便修改链属性,如图7.17所示。

⑪"半径"列表框:用于控制活动倒圆角集半径的距离和位置。对于"完全"倒圆角或由曲线驱动的倒圆角,该列表框不可用。"半径"列表框包含以下内容。

D 列距离:用于指定倒圆角集中圆角半径的特征,位于"半径"列表框下方。

值:用于确定当前半径。

参照:使用参照设置当前半径。

注意:对于"D1×D2 圆锥倒圆角",会显示两个"距离"框。

(2)"过渡"下滑面板

如图 7.18 所示,"过渡"下滑面板包含整个倒圆角特征的所有用户定义的过渡,可用来修改过渡。

（3）"段"下滑面板

可执行倒圆角段管理，如图 7.19 所示。可查看到倒圆角特征的全部倒圆角集，查看当前倒圆角集中的全部倒圆角段，修剪、延伸或排除这些倒圆角段，以及处理放置模糊问题。

图 7.18 "过渡"下滑面板

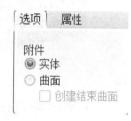

图 7.19 "段"下滑面板

（4）"选项"下滑面板

"选项"下滑面板如图 7.20 所示，包含"实体"、"曲面"单选按钮。

（5）"属性"下滑面板

"属性"下滑面板包含"名称"文本框、"浏览器"按钮。

3. 常用的倒圆角类型

图 7.21 所示为 4 种常用的圆角类型的示意图。

图 7.20 "选项"下滑面板

(a) 半径为常数的圆角

(b) 有多个半径的圆角

(c) 由曲线驱动的圆角

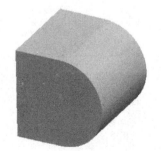

(d) 完全倒圆角

图 7.21 4 种倒圆角类型

创建倒圆角特征的操作步骤如下：

（1）单击菜单"插入/倒圆角"命令，或单击按钮 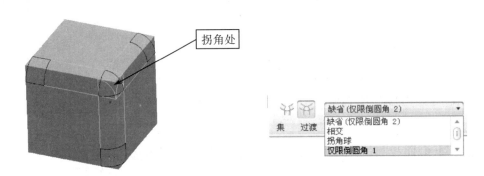，打开倒圆角操控板。

（2）单击"集"按钮，在下滑面板中设定圆角类型、形成圆角的方式、圆角的参照、圆角的半径等。

（3）单击"切换至过渡模式"按钮 ，设置转角的形状，此时需在绘图区域的模型上单击拐角处激活过渡模式下拉菜单，如图 7.22 所示。用户可通过选择不同的形式来控制过渡处的形状。

图 7.22　模型圆角过渡处和圆角过渡模式下拉菜单

（4）单击"选项"按钮，可选择生成的圆角是实体形式还是曲面形式。

（5）单击"预览"按钮，观察生成的圆角正确后，单击按钮 ，完成倒圆角特征的创建。

注意： 若想将几条边的圆角放入同一集（组）中，即同时具有一个相同的圆角半径，应按住 Ctrl 键，复选要加入的边线即可。

其他倒圆角方式如下：

① "倒圆锥角"和"D1×D2 倒圆锥角"：在"集"下滑面板中单击"截面形状"下拉列表。选择"圆锥"后，绘图区域中的圆角处多了一个拖动柄，它可以用来控制圆锥倒圆角的形状，如图 7.23 所示。

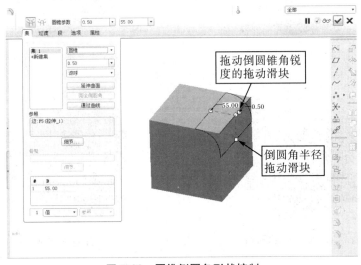

图 7.23　圆锥倒圆角形状控制

　　选中"D1×D2 圆锥"后,绘图区域中圆角处的拖动柄可以分别控制两侧倒圆角的大小,且其各半径值分别与"集"下滑面板中的"半径"列表框中的 D1、D2 相对应,如图 7.24 所示。

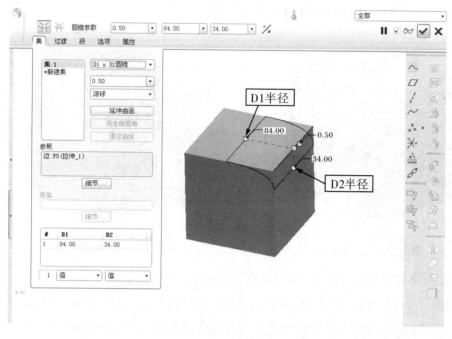

图 7.24　"D1 × D2 倒圆锥角"形状控制

　　② "完全倒圆角":按住 Ctrl 键,在模型上选择一组平行的对边,再在"集"下滑面板中单击"完全倒圆角"按钮,将得到如图 7.25 所示的完全倒圆角效果。

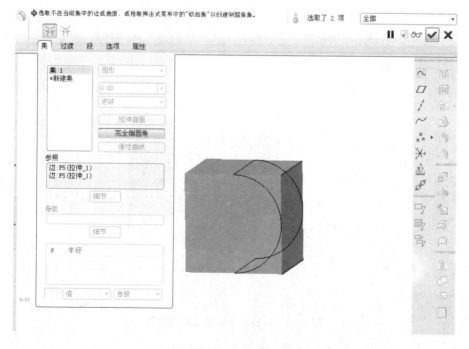

图 7.25　完全倒圆角效果

（3）"通过曲线倒圆角"：在绘图区中的立方体表面草绘一条样条曲线，如图 7.26 所示。单击"倒圆角"工具按钮 ⟋，再选择曲线附近的边作为倒圆角的边，然后在"集"下滑面板中单击"通过曲线"按钮，得到如图 7.27 所示效果图。

图 7.26　草绘曲线图

图 7.27　通过曲线倒圆角

（4）"变半径倒圆角"：倒圆角特征还可以通过添加半径来实现变半径倒圆角。单击"倒圆角"按钮 ⟋，再选择要进行倒圆角的边，在圆角的控制手柄处单击鼠标右键，再添加半径；或在"集"下滑面板中的"半径"列表框内的空白处单击鼠标右键，都可添加若干半径。

如图 7.28 所示，我们在立方体的一条边倒圆角，并添加了两个半径，1 号、2 号半径位于立体边线两端点，3 号半径位于边线全长 30％处（比率为 0.30）。3 个点各自对应的半径值均可根据需求修改。

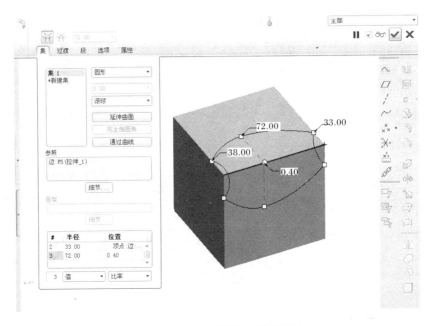

图 7.28　添加 2 个半径后的倒圆角

注表：3 号点的位置是可在该边线全长范围内调整的。

1 号端点半径值不变，2 号端点半径值修改为 20，3 号中间点半径值修改为 50。添加并修改半径的效果图如图 7.29 所示,完成后将得到如图 7.30 所示的变半径倒圆角。

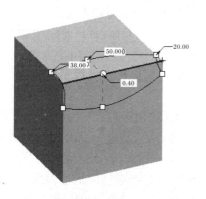

图 7.29　添加并修改半径效果图

图 7.30　变半径倒圆角

7.3.3　拔模特征

对于用模具制造的零件,如铸件、注塑件等需要为零件创建拔模角度,才能顺利脱模。Pro/E 5.0 的拔模特征就是用来创建零件的拔模斜面:向单独曲面或一系列曲面中添加一个介于 $-30°\sim30°$ 之间的拔模角度,产生拔模角度的曲面是由圆柱面或平面形成的。若曲面边的边界周围有圆角时不能拔模,但可以先进行拔模,然后再对边进行圆角过渡。

对于拔模,系统使用以下术语:

拔模曲面:要进行拔模的模型曲面。

拔模枢轴:是拔模曲面上的边线或曲线,拔模曲面将绕该拔模枢轴旋转一个角度。可通过选取平面(此情况下拔模曲面围绕它们与此平面的交线旋转)或选择拔模曲面上的单个曲线链来定义拔模枢轴。

拔模方向:拔模方向可用于确定拔模的正负方向,它总是垂直于拔模参照平面或平行于拔模参照轴或参照边。

拔模角度:拔模方向与生成拔模曲面之间的角度。若拔模曲面被分割,则可为拔模的每个部分定义各自独立的拔模角度。

1. 拔模操控板和"参照"下滑面板

在已知零件上进行拔模特征操作,可单击菜单"插入"|"拔模"选项,或单击绘图区右侧的"拔模"按钮。系统显示"拔模"操控板。单击"参照",弹出"参照"下滑面板。如图 7.31

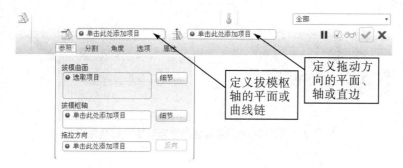

图 7.31　"拔模"操控板及"参照"下滑面板

所示。"拔模"操控板的第一个编辑框用于定义拔模枢轴,第二个编辑框用于定义拖动方向;它们的作用分别与"参照"下滑面板中的"拔模枢轴"、"拖动方向"编辑框相同。

"参照"下滑面板中的"拔模曲面"编辑框:在绘图区选择拔模曲面,可以是一个曲面,也可按住 Ctrl 键选择多个曲面作为拔模曲面。

"拔模枢轴"编辑框:在操控板激活"拔模枢轴"收集器,在绘图区选择拔模枢轴,可以是拔模曲面上的边线或曲线。

"拖动方向"编辑框:用于选择拔模方向,即测量拔模角度的方向,通常为模具开模的方向。可通过选择平面来将其法向作为拖动方向,也可以选择直边、基准轴或坐标系的轴来定义拖动方向。

例如,如图 7.32 所示模型,选择圆柱体表面为"拔模曲面",再选择图示平面为"拔模枢轴",此时不用选择"拖动方向"了,系统会自动选择"拖动方向"。在操控板中输入拔模角度为 14°,并确定拔模方向。单击"预览"按钮,可得到拔模效果。

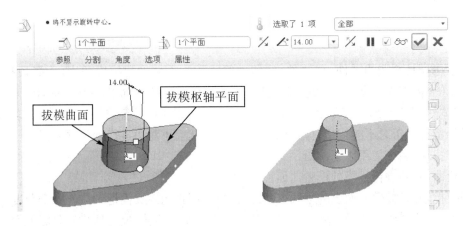

图 7.32　"操控板"、参照设定及拔模效果

如果选择拔模特征的"拔模枢轴"为一曲线,则此时需另外选择"拖动方向"。如图 7.33 所示,"拔模曲面"为环形曲面,"拔模枢轴"为依次链,"拖动方向"为箭头所示平面,拔模角度输入为 14°。

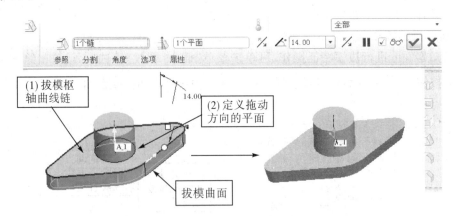

图 7.33　"拔模枢轴"为曲线的参照设定及拔模效果

2. 拔模的分割

不选择拔模分割时的效果如图 7.34 所示。

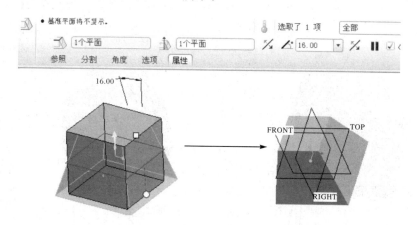

图 7.34　不分割时的参照设定及拔模效果

若需分割，单击"拔模"操控板上的分割按钮，弹出"分割"下滑面板。在分割选项中选取一个分割方式。如图 7.35 所示，若选择分割选项中的"根据拔模枢轴分割"，再选择侧选项中的"独立拔模侧面"。

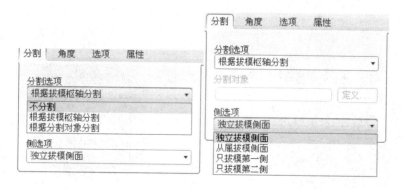

图 7.35　"分割"下滑面板的"分割选项"和"侧选项"

然后在"拔模"操控板上输入拔模角度为 16°和 7°，如图 7.36 所示，得到的效果图如图 7.37所示。

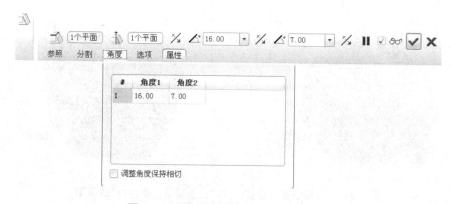

图 7.36　"拔模"操控板中输入拔模角度

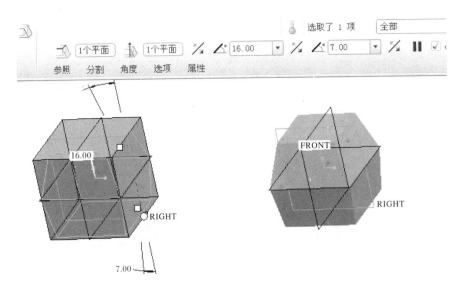

图 7.37　角度设定及拔模效果图(一)

若将"分割"下滑面板中的侧选项选择"从属拔模侧面",将得到如图 7.38 所示的效果图。

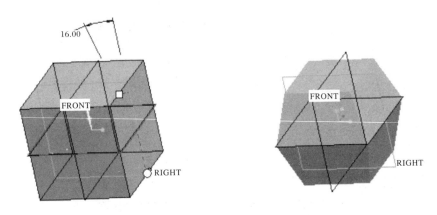

图 7.38　角度设定及拔模效果图(二)

若选择侧选项中的"只拔模第一侧"或"只拔模第二侧",将得到如图 7.39 所示效果图。

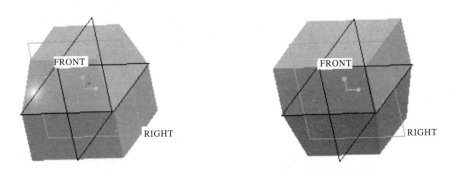

图 7.39　"只拔模第一侧(左)"和"只拔模第二侧(右)"效果图

单击"角度"按钮,得到"角度"下滑面板,如图7.40所示;单击"选项"按钮,得到"选项"下滑面板,如图7.41所示;单击"属性"按钮,得到"属性"下滑面板,如图7.42所示。

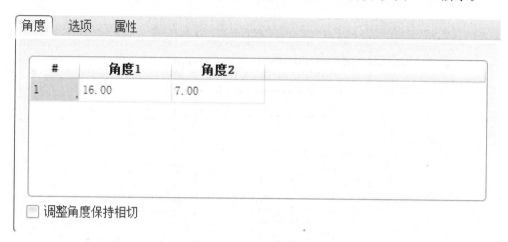

图7.40　"角度"下滑面板

图7.41　"选项"下滑面板

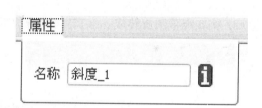

图7.42　"属性"下滑面板

7.4　项 目 实 施

1. 新建文件

选择菜单"文件"|"新建"选项,在弹出的"新建"对话框中选择类型为"零件",子类型为"实体",在名称文本框中输入文件名"tougai",清除"使用缺省模板"复选框,选用公制模板后,进入三维零件绘制环境。

2. 创建透盖旋转特征

(1) 单击按钮 ✧ ,打开旋转特征操控板,选择FRONT平面为草绘放置平面。

（2）单击"草绘"对话框中的"草绘"按钮，进入草绘界面。绘制如图 7.43 所示图形。完成图样，确定尺寸后，单击工具栏上的按钮 ✔ 完成草绘。

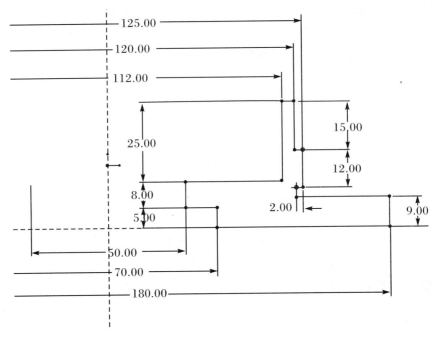

图 7.43　绘制旋转截面草图

（3）将二维草图旋转成三维实体，单击预览检查无误后，单击完成按钮 ✔ ，完成旋转特征，如图 7.44 所示。

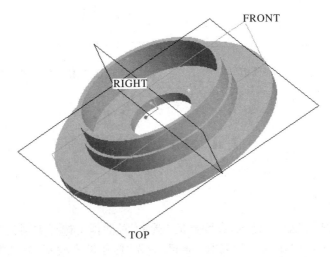

图 7.44　透盖旋转实体特征

3. 创建孔特征

（1）简单孔的创建

① 点选绘图区右侧的孔工具 ，或单击菜单"插入"|"孔"选项，系统显示如图 7.2 所示的孔特征操控板。确定孔的类型为："简单孔"、"矩形"。

② 确定孔的放置平面及孔的定位方式和尺寸：点选旋转实体特征右端面为孔特征的放置参照，同时，"放置"下滑面板打开，放置类型选"直径"；鼠标左键点击"偏移参照"收集器，使其变为淡黄色被激活状态。按住 Ctrl 键在图形区依次用鼠标左键选取旋转特征的中心轴和 FRONT 面，并各自对应输入数值：直径为 155，角度为 0。如图 7.45 所示。

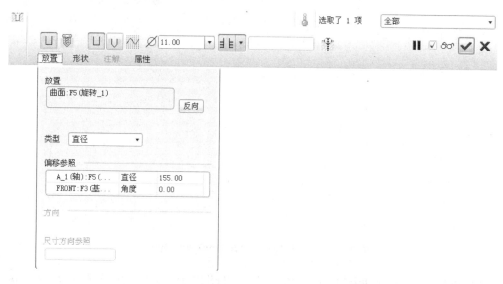

图 7.45　简单孔特征操控板及"放置"下滑面板

在孔特征操控板上"直径"文本框 $\varnothing$ 输入数值：11；"深度类型"选择"穿透"。单击"预览"检查孔特征无误，单击按钮，完成一个简单孔特征。

③ 简单孔的阵列：确认刚才所绘制的简单孔是属于被选中状态后（或点选模型树中的"孔 1"孔特征），单击菜单"编辑"|"阵列"选项，或点选绘图区右侧的阵列工具，从阵列类型列表框中选取阵列类型为"轴"，出现的轴类型阵列操控板如图 7.46 所示。

图 7.46　"轴"阵列操控板

单击阵列操控板"1"后面的收集器，然后再在模型中选取轴"A_1"，在该收集器后的文本框中输入阵列数量为 4，阵列角度为 90°。单击"预览"检查孔特征阵列无误，单击按钮，完成简单孔特征的阵列。

（2）标准孔的创建

① 点选绘图区右侧的孔工具，或单击菜单"插入"|"孔"选项，并在系统显示的孔特征操控板上单击"标准孔"按钮，"添加攻丝"按钮也被按下。在"标准类型列表"中，选择"ISO"标准类型。

② 确定标准孔的放置平面及孔的定位方式和尺寸：点选旋转实体特征右端面为孔特征

的放置参照,同时,"放置"下滑面板打开,放置类型选"径向"。按住 Ctrl 键在图形区依次用鼠标左键选取旋转特征的中心轴和 FRONT 面,并各自对应输入数值:半径为50,角度为45°,如图 7.47 所示。

图 7.47　标准孔特征操控板及"放置"下滑面板

在操控板"标准螺纹列表"中 选取"M6×1",深度选项选择"指定深度",输入数值:10;"钻孔深度类型"选:"钻孔肩部深度",单击"形状"下滑面板,标准螺纹孔的形状如图 7.48 所示。单击"预览"检查孔特征无误,单击按钮 ,完成标准孔特征的创建,完成后的孔特征如图 7.49 所示。

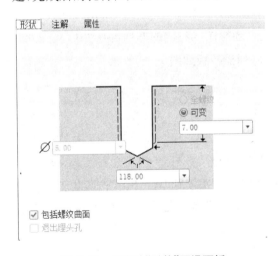

图 7.48　标准孔"形状"下滑面板

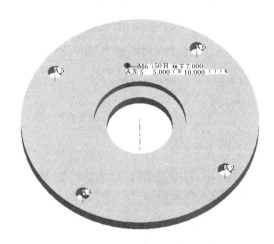

图 7.49　孔特征创建结果示意图

4. 创建拔模特征

可单击菜单"插入"|"拔模"选项,或单击绘图区右侧的"拔模"按钮 ,系统显示"拔模"操控板。在绘图区点选模型内圆表面为拔模曲面,圆环端面为拔模枢轴,角度为10°。如

图 7.50 所示,单击"预览"检查拔模特征无误,单击按钮 ✅ ,完成拔模特征的创建。

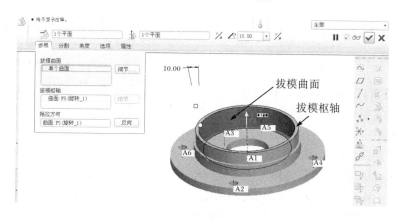

图 7.50 创建拔模特征

5. 创建倒圆角特征

单击菜单"插入"|"倒圆角"选项,或点选绘图区右侧的倒圆角工具 ,系统显示"倒圆角"操控板。点选模型外侧圆柱面与外端面交线,如图 7.51 所示,输入倒圆角半径为 3;再点选拔模内圆锥表面与内端面交线处,如图 7.52 所示,输入倒圆角半径为 5。单击"预览"检查倒圆角特征无误,单击按钮 ✅ ,完成倒圆角特征的创建。

图 7.51 倒圆角特征(一)

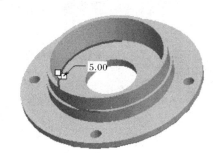

图 7.52 倒圆角特征(二)

最后,完成该透盖零件的创建,其效果图如图 7.53 所示。

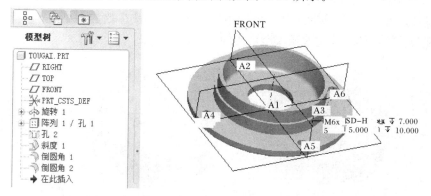

图 7.53 透盖零件创建的效果图及模型树

7.5　知识拓展——壳与拔模、倒圆角、孔特征的建立顺序

1. 壳与拔模、倒圆角特征的建立顺序

通常建模的顺序是:首先创建产品外形,然后再建立孔特征,而壳特征与倒圆角以及拔模特征构建有特定的顺序,具体如下。

· 先添加倒圆角再添加壳。当一个模型实体中既存在倒圆角特征,又存在壳特征时,应先建立倒圆角再添加壳特征,这样可以有效地解决壳的不均匀问题,如图 7.54 所示。

· 先拔模后添加壳。当一个模型实体中既存在拔模特征,又存在壳特征时,应先建立拔模特征再添加壳,这样可以有效地解决壳的不均匀问题,如图 7.55 所示。

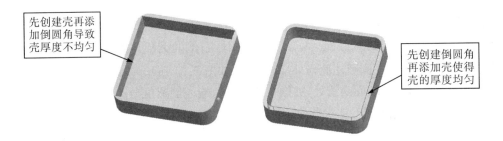

图 7.54　壳与倒圆角的创建顺序影响模型实体

图 7.55　壳与拔模的创建顺序影响模型实体

2. 壳与孔特征的建立顺序

在实际设计过程中,往往会因为特征创建的顺序不同,而产生迥异的结果。如图 7.56 所示是壳特征与孔特征的不同构建顺序所形成的不同模型结果。

图 7.56　壳与孔的创建顺序影响模型实体

7.6　实战练习

按图 7.57、图 7.58 所示零件图创建实体模型。

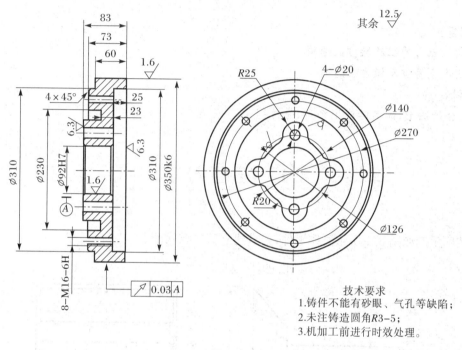

技术要求
1.铸件不能有砂眼、气孔等缺陷；
2.未注铸造圆角 *R*3−5；
3.机加工前进行时效处理。

图 7.57

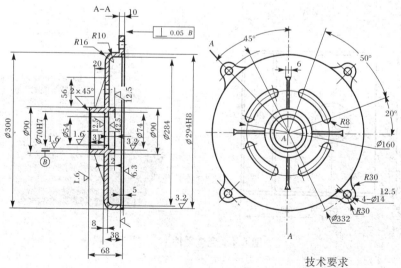

技术要求
1.未注铸造圆角 *R*3−*R*5；
2.铸件不允许有气孔、砂眼等缺陷；
3.机加工前进行时效处理。

图 7.58

项目 8　创建壳体零件模型

知识目标：

① 认识倒角特征及操控板选项；

② 认识壳特征及操控板选项。

能力目标：

学会分析图形，能灵活应用倒角、壳特征。

8.1　项 目 导 入

某厂生产如图 8.1 所示壳体零件，要求建立其三维模型。

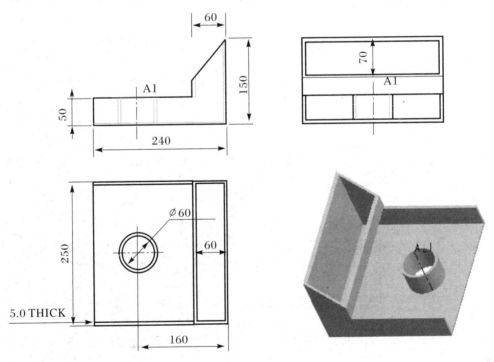

图 8.1　壳体零件

8.2 项 目 分 析

该零件属于中空的壳体件,主体为 L 形,可由实体拉伸特征得到;中间的 ∅60 孔可用孔特征完成;之后可用壳特征工具选择合适的曲面,完成壁厚为 5 mm 的壳特征;最后,可用倒角特征完成 L 形壳体上部的窗口(表 8.1)。

表 8.1 壳体零件的建模过程

关键步骤	图 示
(1) 拉伸特征	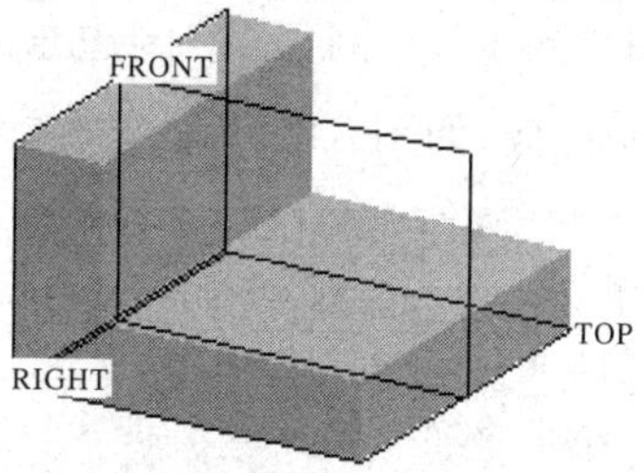
(2) 孔特征	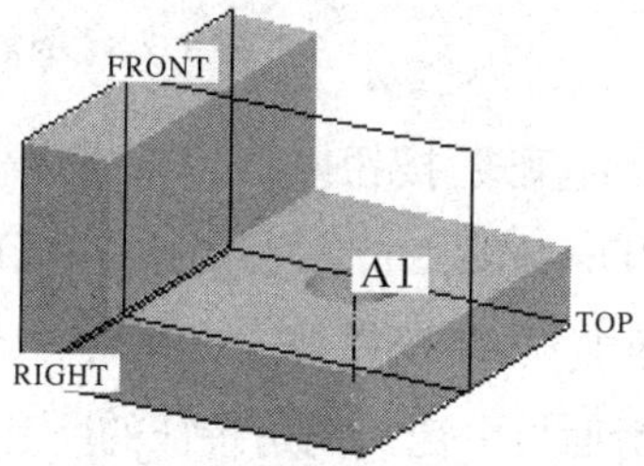
(3) 壳特征	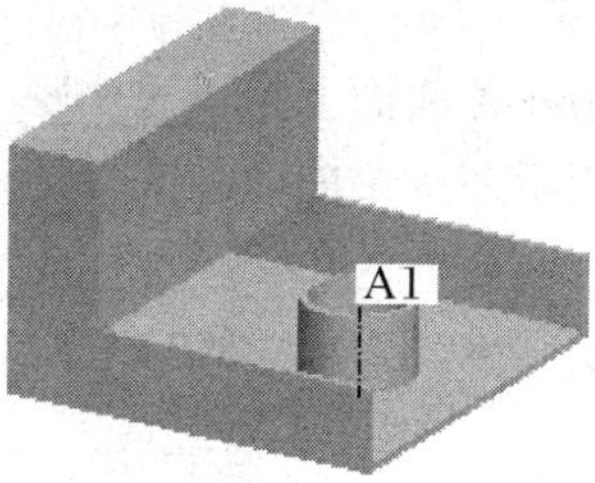
(4) 倒角特征	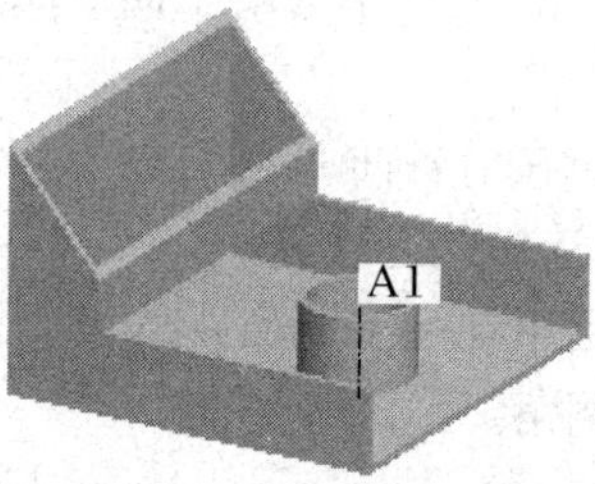

8.3　相　关　知　识

8.3.1　倒角特征

倒角特征是工程上一种非常重要的特征,倒角特征分为边倒角和拐角倒角两种类型。

边倒角是最常用的倒角,它从选定边中截掉一块平直剖面的材料,在共有该选定边的两个曲面之间创建斜角曲面。

1. 倒边角特征操控板

单击菜单栏中的"插入"|"倒角"|"倒边角"命令,或单击绘图区右边的倒角工具按钮

, 系统打开倒角操控板,如图 8.2 所示。该操控板包括以下选项。

图 8.2　"倒角"操控板

(1)"切换至设置模式"按钮 :用来设置倒角集,系统默认此选项。倒角形式列表中有 6 种倒角类型:"D×D"、"D1×D2"、"角度×D"、"45×D"、"O×O"、"O1×O2"。

(2)"切换至过渡模式"按钮 :当在绘图区选取倒角特征时,该按钮被激活,单击此按钮,可在"过渡"下滑面板中定义倒角特征的所有过渡。

(3)6 种倒角类型:

① "D×D":用于在各曲面上与该边相距 D 处创建倒角。Pro/E 5.0 默认此选项。

② "D1×D2":用于在一个曲面距离选定边为 D1,在另一个曲面距离选定边为 D2 处创建倒角特征。

③ "角度×D":用于创建一个倒角,它距相邻曲面的选定边距离为 D,与该曲面的夹角为指定角度。

④ "45×D":用于创建一个与两个曲面的夹角均为 45°,且与各曲面上边的距离为 D 的倒角。

⑤ "O×O":用于在沿各曲面上的边偏移 O 处创建倒角。仅当"D×D"选项不适用时,Pro/E 5.0 才会默认选择此选项。

⑥ "O1×O2":用于在一个曲面距选定边的偏移距离"O1",在另一个曲面距选定边的偏移距离"O2"处创建倒角。

如图 8.3 所示,可见其中 4 种常用的倒角形式的对比。

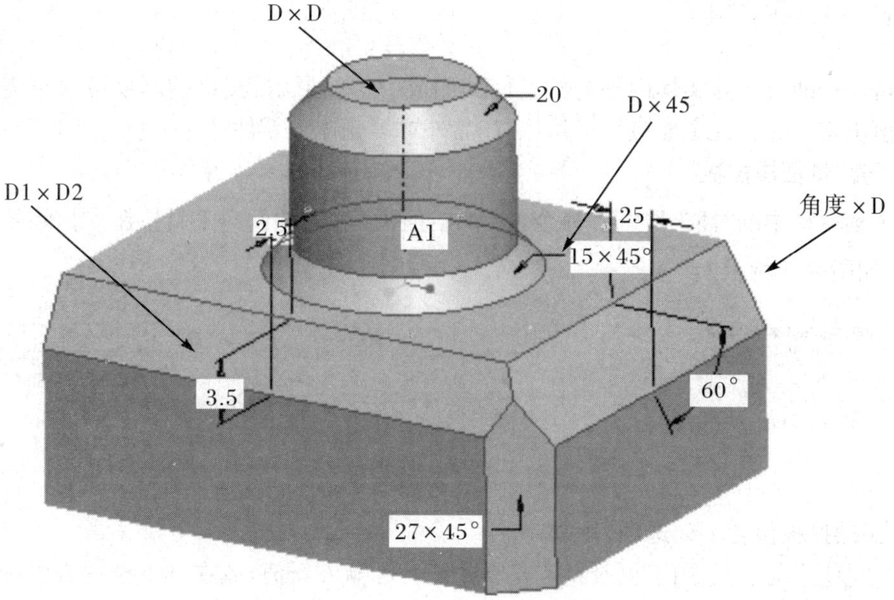

图 8.3　种常用的倒角形式

2. 下滑面板

"倒边角"操控板中的下滑面板与之前介绍的"倒圆角"操控板中的下滑面板类似,故不再赘述。

3. 设置倒角过渡区形式

对于倒角组,在倒角组相交处产生过渡区,可以根据设计要求自己设置。设置时,在绘图区选取倒角特征,"切换至过渡模式"按钮 被激活,单击此按钮,可在"过渡类型"列表中选择过渡形式,倒角过渡类型共有 3 种。

默认(相交):使用系统默认过渡类型,如图 8.4(a)所示。

曲面片:在过渡区域创建曲面片,如图 8.4(b)所示。

拐角平面:使用拐角倒角作为过渡区域,如图 8.4(c)所示。

(a)默认（相交）　　　　　(b)曲面片　　　　　(c)拐角平面

图 8.4　倒角过渡类型

8.3.2 壳特征

壳特征是通过切除实体内部的材料使其形成中空的形状,其壁的厚度可根据需求由输入的数值决定。壳特征主要应用于箱体、产品外罩等壳体类零件。

1."壳"特征操控板

单击菜单栏中的"插入"|"壳"命令,或单击绘图区右边的倒角工具按钮 ▣ ,系统打开壳操控板,如图 8.5 所示。

图 8.5 "壳"操控板

"壳"操控板包含下列选项。

(1)"厚度"文本框:用于更改默认壳厚度值。可输入新值,或在其下拉列表中选取最近使用过的值。

(2)"反向"按钮:用于反向壳的创建侧。

2. 下滑面板

"壳"操控板中包含"参照"、"选项"和"属性"3 个下滑面板。

(1)"参照"下滑面板:用于显示当前"壳"特征,如图 8.6 所示。该下滑面板中包含下列选项。

① "移除的曲面"列表框:用于选取要移除的曲面。如未选取任何曲面,则会创建一个封闭壳,将实体的整个内部都掏空,且空心部分没有切口。

② "非缺省厚度"列表框:用于选取要在其中指定不同厚度的曲面。可为此列表框中的每个曲面指定单独的厚度。

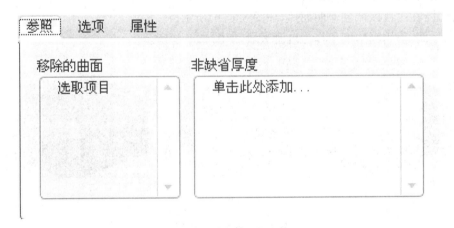

图 8.6 "参照"下滑面板

(2)"选项"下滑面板:用于设置排除曲面和细节,如图 8.7 所示。该下滑面板中主要选项作用如下。

①"排除的曲面"列表框:用于选取一个或多个要从壳中排除的曲面。如果未选取任何要排除的曲面,则将壳化整个零件。

②"细节"按钮:单击该按钮打开如图 8.8 所示用来添加或移除曲面的"曲面集"对话框。

注意:通过"壳"操控板访问"曲面集"对话框时不能选取面组曲面。

③"延伸内部曲面"单选钮:用于在壳特征的内部曲面上形成一个盖。

④"延伸排除曲面"单选钮:用于在壳特征的排除曲面上形成一个盖。

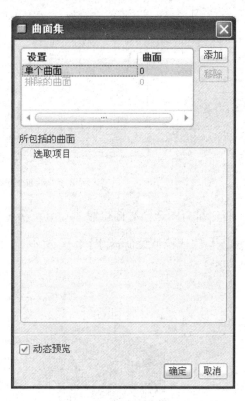

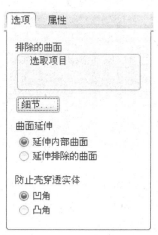

图 8.7　"选项"下滑面板　　　　图 8.8　"曲面集"对话框

(3)"属性"下滑面板:用于设置壳的名称。

8.4　项 目 实 施

1. 新建文件,创建零件拉伸特征

选择菜单"文件"|"新建"选项,在弹出的"新建"对话框中选择类型为"零件",子类型为"实体",在名称文本框中输入文件名"keti",清除"使用缺省模板"复选框,选用公制模板后,进入三维零件绘制环境。

(1)单击按钮 🗗,打开拉伸特征操控板,选择 FRONT 平面为草绘放置平面。

(2) 单击"草绘"对话框中的"草绘"按钮,进入草绘界面。绘制如图 8.9 所示图形。完成图样,确定尺寸后,单击工具栏上的按钮 ✔ 完成草绘。

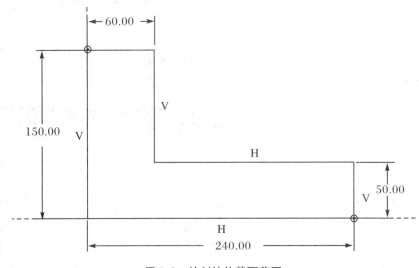

图 8.9　绘制拉伸截面草图

(3) 将二维草图选择对称拉伸 250 mm ,单击预览检查无误后,单击完成按钮 ☑,完成拉伸特征,如图 8.10 所示。

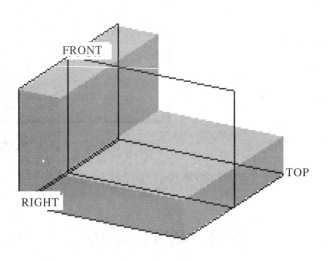

图 8.10　拉伸特征

2. 创建零件孔特征

(1) 点选绘图区右侧的孔工具 ,或单击菜单"插入"|"孔"选项,系统显示孔特征操控板。确定孔的类型为:"简单孔","矩形"按钮被按下。

(2) 确定孔的放置平面及孔的定位方式和尺寸:点选 L 形拉伸实体水平底板的上表面为孔特征的放置参照,同时,"放置"下滑面板打开,放置类型选"线性";鼠标左键点击"偏移参照"收集器,使其变为淡黄色被激活状态。按住 Ctrl 键在图形区依次用鼠标左键选取

FRONT 和 RIGHT 面,并各自对应输入数值:FRONT 偏置为 0,RIGHT 偏置为 160。另输入孔的直径为 60,孔深度类型为"穿透"。如图 8.11 所示。

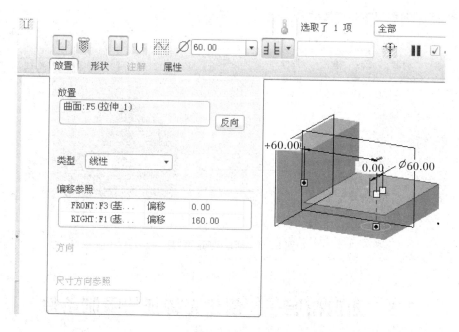

图 8.11　孔特征的创建

3. 创建零件壳特征

(1) 单击菜单栏中的"插入"|"壳"命令,或单击绘图区右边的倒角工具按钮 ▣ ,系统打开壳操控板。

(2) 从绘图区选取要去除的曲面,并在厚度文本框内输入壳厚度为 5。单击完成按钮 ☑ ,完成壳特征的创建,如图 8.12 所示。

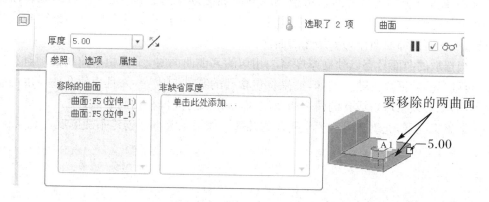

图 8.12　壳特征的创建

4. 倒角特征

(1) 单击菜单栏中的"插入"|"倒角"|"倒边角"命令,或单击绘图区右边的倒角工具按钮 ◢ ,系统打开倒角操控板。

（2）点选需倒角的边，在倒角类型下拉列表中选择"D1×D2"选项，并于 D1 文本框内输入 60，D2 文本框内输入 70。单击完成按钮 ✓，完成倒角特征的创建，如图 8.13 所示。

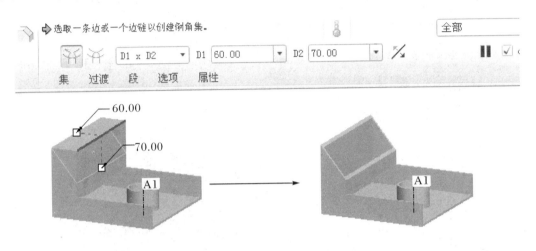

图 8.13　倒角特征的创建

8.5　知识拓展——创建壳特征的限制条件

请注意下列有关创建"壳"特征的限制条件：
- 不能把壳增加到任何具有从切点移动到一点的曲面的零件。
- 如果将被删除的曲面具有与其相切的相邻曲面，就不能选择它。
- 如果将被删除的曲面的顶点由 3 个曲面相交创建，就不能选择它。
- 如果零件有 3 个以上的曲面形成的拐角，"壳"特征可能无法进行几何定义；在这种情况下，Pro/E 5.0 将加亮故障区。将被删除的曲面必须由边包围（完全旋转的旋转曲面无效），并且与边相交的曲面必须通过实体几何形成一个小于 $180°$ 的角度。如果遇到这种情况，可选取任何修饰曲面作为要删除的曲面。
- 当选取的曲面具有以独立厚度与之相切的其他曲面时，所有相切曲面必须有相同的厚度，否则"壳"特征会失败。例如，如果将包含孔的零件制成壳，并且想使孔壁厚度与整个厚度不同，则必须拾取组成孔的两个曲面（柱面），然后将其偏移相同距离。
- 缺省情况下，壳创建具有恒定壁厚的几何。如果系统不能创建不变厚度，"壳"特征将失败。

8.6　实战练习

（1）如图 8.14 所示，完成烟灰缸实体模型创建。

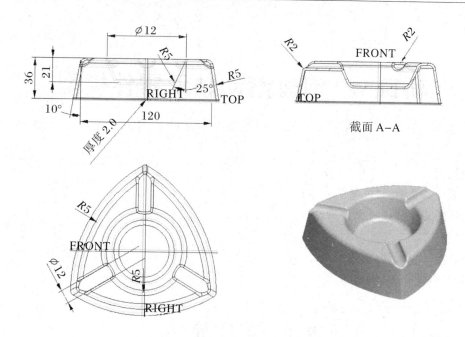

图 8.14

（2）完成如图 8.15 所示旋钮实体模型创建。

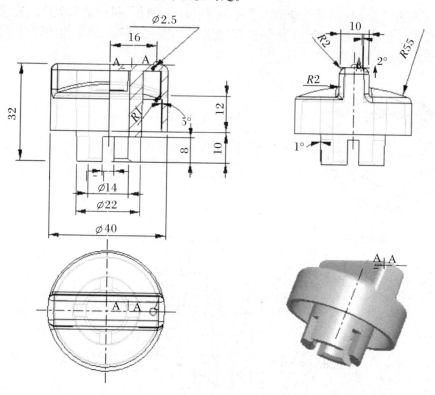

图 8.15

项目 9 创建滚动轴承零件模型

知识目标：

① 掌握特征复制、镜像使用方法；

② 了解创建组特征使用方法。

能力目标：

① 能运用特征复制、镜像命令；

② 能灵活运用创建组特征。

9.1 项 目 导 入

某厂生产如图 9.1 所示的滚动轴承零件，零件包括内外圈、保持架和滚珠。要求建立其三维实体模型。保持架为加厚为 1 的特征，截面尺寸如图 9.2 所示；轴承内外圈尺寸如图 9.3 所示；滚动体尺寸为 12−S∅9。

图 9.1 滚动轴承

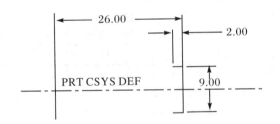

图 9.2 保持架截面尺寸图

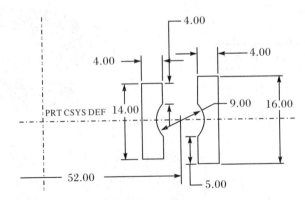

图 9.3 轴承内外圈截面尺寸图

9.2　项 目 分 析

　　轴承类的零件属于回转体类零件,其零件主体部分的内外圈、保持架、滚动体可以通过旋转特征来创建;保持架上的孔可以通过孔特征来创建。因为滚动轴承零件中有多个滚动体和相对应的球孔,则需用复制、粘贴及选择性粘贴、阵列工具来创建。零件的建模过程如表 9.1 所示。

表 9.1　滚动轴承的创建过程

关键步骤	图　示
(1) 内外圈创建	
(2) 创建保持架	
(3) 保持架孔	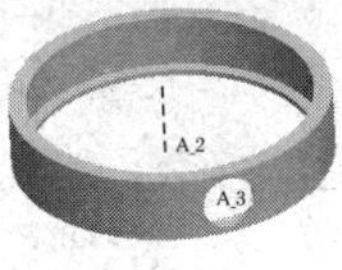
(4) 滚动体创建	
(5) 孔、球的复制	
(6) 阵列特征	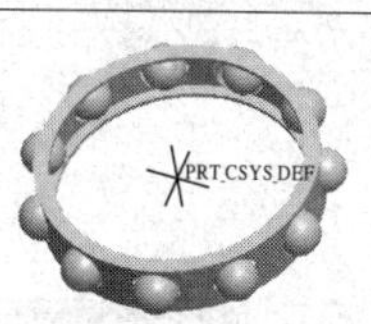
(7) 倒角	

9.3　相　关　知　识

在零件的建模过程中,用户可以运用 Pro/E 5.0 提供的复制、镜像、阵列等特征操作工具,快速创建大量的相同或类似的重复性特征。

9.3.1　特征复制

复制工具在"编辑"菜单的"特征操作"菜单内,分为新参考复制、相同参考复制、镜像复制和移动复制 4 种类型。

1. 新参考复制

(1) 打开 Pro/E 5.0 系统,进入零件设计环境,不使用默认模板。

(2) 创建拉伸特征:1:200×120×80 的长方体;并在长方体上表面创建拉伸特征。2:直径为 30,高度为 20 的圆柱体,如图 9.4 所示。

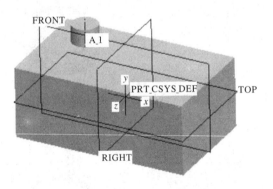

图 9.4　特征基体

(3) 新参照复制特征:

① 单击菜单"编辑"|"特征操作",在弹出的菜单管理器中选择"复制"命令,如图 9.5 所示。

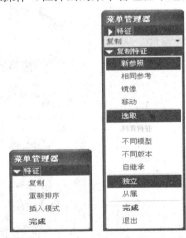

图 9.5　特征操作管理器及复制特征菜单

小提示：

·复制方式：复制方式用于定义复制的类型。

·新参考：创建特征的新参考复制，可以选择不同的参照，替换源特征参照复制新特征。所谓参照是指特征的草绘平面、草绘平面放置方向参照和两个标注尺寸的参照。

·相同参考：创建特征的相同参考复制，复制出的特征和源特征有相同的参照。

·镜像：创建特征的镜像复制，复制出的特征和源特征相对于选定的镜像面对称。

·移动：创建新特征的移动复制，移动复制有平移复制和旋转复制两种模式，可以沿着一定方向移动复制，或者绕某一轴线旋转复制。

·特征范围：特征范围部分定义复制特征的范围，一般选用"选取"或者"所有特征"选项。

·选取：从模型中选取特征进行复制。

·所有特征：对整个模型的所有特征进行复制。

·不同模型：从不同的三维模型中选取特征进行复制，该命令只有在新参考复制方式下可用。不同版本：从同一三维模型的不同版本中选取特征进行复制，该命令只有在新参考复制和相同参考复制方式下可用。

·特征关系：特征关系部分定义复制特征和源特征之间尺寸的关联，不影响其位置尺寸。

·独立：复制特征和源特征之间没有关联关系，其尺寸独立于源特征的尺寸，可以在复制时修改。

·从属：复制特征和源特征之间有关联关系，两特征的形状尺寸不独立，修改源特征的形状尺寸时，复制特征的相应尺寸一起变化。

② 在弹出的"复制特征"菜单管理器中选取"新参考"|"选取"|"独立"|"完成"命令，如图 9.6 所示。

图 9.6　选取菜单管理器

小提示：

·选取：在模型上选取要复制的源特征。

·层：按层选取要复制的源特征。

·范围：按照特征序号的范围选取要复制的特征。

（4）在弹出的菜单中，选择"选取"命令，再在模型中选取要进行新参考复制的圆柱体拉伸特征，然后选择"完成"命令。系统弹出"组元素"对话框和"组可变尺寸"菜单，如图 9.7 所示。

图 9.7　"组元素"对话框和"组可变尺寸"菜单

（5）在"组可变尺寸"菜单中,选取 Dim 2 尺寸(圆柱体直径),单击"选取"对话框中的"确定"按钮,再在"组可变尺寸"菜单中单击"完成"命令;如果不想改变特征的尺寸,可直接在"组可变尺寸"菜单中单击"完成"命令。

① 在消息区输入窗口输入要修改的值,输入 50,单击按钮 ✓,如图 9.8 所示。

图 9.8 "组可变尺寸"输入窗口

② 替换参考。完成上步操作后,系统弹出如图 9.9 所示"参考"菜单。

这里选择"替换"命令,然后根据信息提示,在零件模型上分别选取如图 9.10 所示的模型表面或基准平面作为新的参照。

图 9.9 "参考"菜单

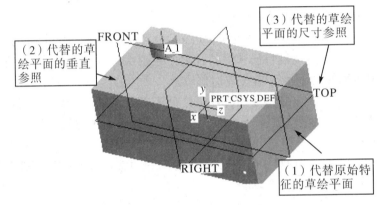

图 9.10 选取新的参照

小提示:"参考"菜单有 4 项功能。
- 替换:各复制的特征选取新的参照。
- 相同:指明使用原始的参照来复制特征。
- 跳过:跳过参照的选择,以便以后可重定义参照。
- 参照信息:提供介绍放置参照的信息。

完成上步参照后,系统弹出"组放置"菜单,如图 9.11 所示。

小提示:"组放置菜单"有 3 项功能。
- 重定义:重定义组元素。
- 显示结果:显示组的几何形状。
- 信息:信息组信息。

然后,单击"完成"命令,完成新参考特征复制,结果如图 9.12 所示。

图 9.11　"组放置"菜单

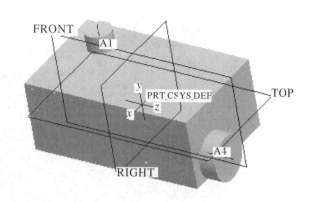

图 9.12　新参考复制特征

2. 相同参考复制

选用"相同参考"复制出的特征,其所有的参照都不改变,只能在同一平面生成新的特征,除此之外其他操作与"新参照"相似,即在组可变尺寸中选中 Dim 2、Dim 3、Dim 4,依次输入数值 50、−15、−50。如图 9.13 所示,上表面右边的较大圆柱体是由左边的圆柱体复制出来的,在复制过程中,参考平面不变,只是改变了圆柱特征的直径和尺寸参照值。

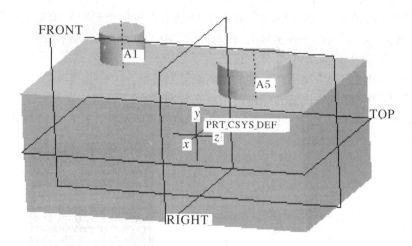

图 9.13　相同参考复制特征

3. 镜像复制

使用"镜像"方式复制,可以对若干个选定的特征进行镜像复制,常用于生成对称特征。而且在镜像复制过程中,参考平面不变,圆柱特征的直径不变。

(1) 使用如图 9.4 所示的实体模型,单击下拉菜单"编辑"|"特征操作",在弹出菜单管理器中选择"复制"命令。

(2) 在"复制特征"管理器中选取"镜像"|"选取"|"独立"|"完成"命令。

(3) 在弹出的菜单中,选择"选取"命令,再在模型中选取要进行镜像复制的圆柱体拉伸特征,然后选择"完成"命令,系统弹出"设置平面"菜单。

（4）在图形区选择 RIGHT 平面为镜像平面，将得到镜像完成后的结果，如图 9.14 所示。

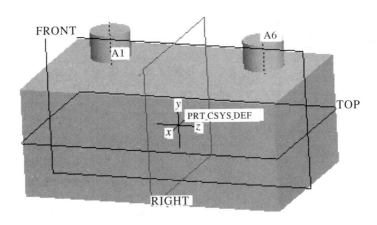

图 9.14　镜像复制特征

4. 移动复制

使用"移动"的方式复制，可以通过平移或旋转的方式复制特征。

（1）使用如图 9.4 所示的实体模型，单击下拉菜单"编辑"|"特征操作"，在弹出菜单管理器中选择"复制"命令。

（2）在"复制特征"管理器中选取"移动"|"选取"|"独立"|"完成"命令。

（3）在弹出的菜单中，选择"选取"命令，再在模型中选取要进行移动复制的圆柱体拉伸特征，然后选择"完成"命令→系统弹出"移动特征"菜单，如图 9.15 所示。

小提示："移动特征"菜单有 2 种方式。

• 平移：是用指定的方向平移一定的距离来复制特征。

• 旋转：是用指定的方向旋转一定的角度来复制特征。

（4）选取以上两种方式之一后，相同弹出如图 9.16 所示的"选取方向"菜单。

图 9.15　"移动特征"菜单

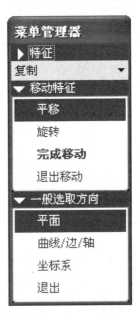

图 9.16　"选取方向"菜单

小提示："选取方向"菜单有 3 种方式。

· 平面：是用选定平面的法向作为复制特征的移动方向。

· 曲线/边/轴：选取曲线、边或轴作为方向。

· 坐标系：选取坐标系的一根轴作为方向。

（5）按选定的某一种方向方式在模型中选择参照，再输入偏距值，之后单击完成移动命令。

（6）系统弹出"组元素"对话框和"组可变尺寸"菜单，可根据需要在"组可变尺寸"菜单中选取要改变的尺寸值并输入新值。

（7）最后完成平移复制。

平移复制的操作与其他方式类似，此处略去图示。

9.3.2 镜像特征、镜像零件

在特征复制中的镜像操作只是针对特征进行的，操作较麻烦。在 Pro/E 5.0 中，还提供了单独的"镜像"命令，不仅能够镜像实体上的某些特征，还能镜像整个实体。镜像工具放在"编辑特征"工具栏中，图标为 。且只在选择需镜像的特征后，该图标才被激活。

具体操作时，先在模型上选取需要镜像的某些特征，也可以选取整个实体，然后选择菜单"编辑"|"镜像"命令或单击编辑特征工具栏中的 按钮，出现"镜像"操控板，如图 9.17 所示。

图 9.17 "镜像"操控板

接下来根据提示在图形区选择镜像平面，单击操控板 按钮即可完成镜像操作。操控板上的"选项"下滑面板可以控制镜像特征和源特征的关系是独立的还是从属的。

9.3.3 特征阵列

特征阵列就是按照一定的排列方式复制特征。在创建阵列时，通过改变某些指定的尺寸，可创建选定特征的实例，结果将得到一个特征阵列。

小提示：阵列特征的优点有 3 个。

· 使用阵列方式创建特征可同时创建多个相同或其参数按一定规律变化的特征，效率高。

· 阵列是参数控制的，因此，通过改变阵列参数，比如实例数、实例之间的间距和原始特征尺可修改阵列。

· 修改阵列比分别修改特征更为有效。在阵列中改变原始特征尺寸时，Pro/E 5.0 自动更新整个阵列。

特征阵列有多种方式,分别为尺寸、方向、轴和填充、表、曲线等。各种阵列创建方法各不相同,其操控面板也有所变化,单击"编辑"|"阵列"命令,或单击工具栏中的按钮,弹出阵列操控板后进行具体的操作。下面分别以实例来介绍几种常用阵列类型的操作方法。

1. 尺寸阵列

尺寸阵列是通过选择特征的定位尺寸来阵列参数的阵列方式。创建"尺寸"阵列时,选取特征尺寸,并指定这些尺寸的增量变化以及阵列中的特征实例数。"尺寸"阵列可以是单向阵列(如孔的线性阵列),也可以是双向阵列(如孔的矩形阵列)。尺寸阵列分为矩形阵列和圆周阵列两种方式。

小提示:创建尺寸阵列的步骤如下。

① 选择要建立阵列的特征,然后单击"阵列特征"工具按钮,打开"阵列特征操控板",系统默认的阵列类型是"尺寸"阵列。

② 选定一个尺寸作为第一个方向阵列的尺寸参考,在"尺寸"面板相应的"增量"栏中输入该方向的尺寸增量(即阵列子特征间距)。

③ 在第一个阵列方向要选择多个尺寸,应按下 Ctrl 键,然后在模型中选择尺寸,并在"尺寸"面板相应的"增量"栏内输入相应的尺寸增量。

④ 在操控板中输入第一个方向的阵列数目(包括原始特征)。

⑤ 要建立双向阵列,应在模型中选择阵列特征的第二个方向的尺寸,其他步骤同步骤③、步骤④。

⑥ 单击阵列操控板中的按钮,完成特征阵列的建立。

(1) 矩形阵列:矩形阵列是在一个或两个方向上沿直线创建的阵列特征,在"阵列"操控板中选择方式为"尺寸",并在"尺寸"上滑面板中定义第一、第二方向的尺寸及增量值以及各方向的阵列数量,如图 9.18 所示。

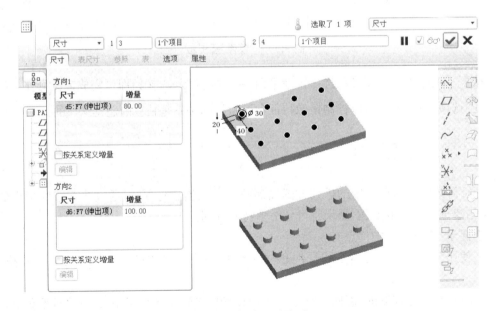

图 9.18　创建矩形阵列

(2) 圆周阵列:圆周阵列是通过定义一个圆周方向的角度定位尺寸来创建阵列特征。阵列角度通常要在创建的源特征中先期设置。打开"尺寸"上滑面板,激活"方向 1"收集器,选取一个角度定位尺寸来定义相应的增量值，并设置圆周阵列的数目，即可完成圆周阵列，如图 9.19 所示。

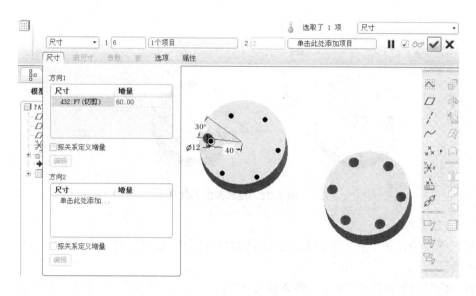

图 9.19　创建圆周阵列

2. 方向阵列

方向阵列通过指定一个或两个方向，并拖动控制滑块设置阵列增长的方向和增量值来创建阵列特征。即先指定调整的阵列方向，然后再指定尺寸值和行列数的阵列方式。其方向参照可以为基准平面、实体边、轴或坐标系等。

打开"阵列"操控面板，选择阵列方式为"方向"；在操控面板中激活"方向1"收集器，选取阵列的第一方向参照，并定义该方向上的阵列数目和间距；接着再激活"方向2"收集器，选取阵列的第二方向参照，并定义第二方向上的阵列数目和间距，单击按钮 ，完成方向阵列的创建，如图 9.20 所示。

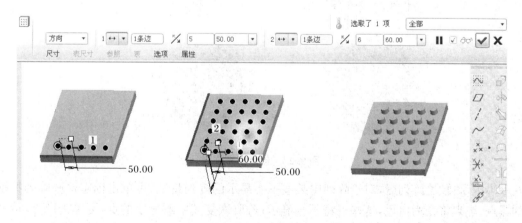

图 9.20　创建方向阵列

3. 轴阵列

轴阵列是特征绕一个选定的旋转中心轴在圆周上进行阵列。打开"阵列"操控面板，选择阵列的方式为"轴",并选取旋转轴,同时设置阵列数目和相邻阵列特征间的角度,即可创建轴阵列,如图 9.21 所示。

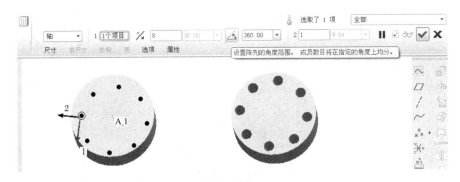

图 9.21　轴阵列的创建

4. 填充阵列

填充阵列是在指定的实体表面或其表面的部分区域,生成具有一定式样和参数的均匀的阵列特征。

在"阵列"操控面板中,选择阵列类型为"填充"方式,单击"参照"|"定义"按钮,选择要填充的区域;或选取阵列放置面,内部草绘要填充的区域。然后指定阵列特征的填充式样,确定填充的参数,如特征间距、旋转角度等,绘制完成后单击按钮 ,如图 9.22 所示。

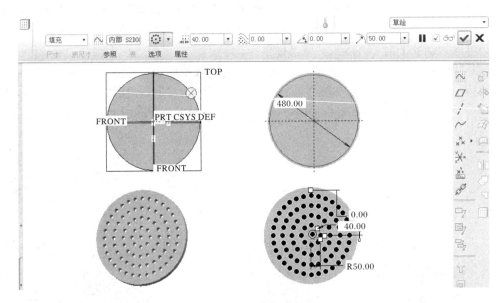

图 9.22　创建填充阵列

小提示:预览阵列后,对于阵列中某些不要显示的阵列特征,可单击标志这些阵列特征的黑点,黑点将变为白色,这些点将不会显示;若要恢复其中不显示的点,可单击白点,待变为黑点后即可。

9.3.4　创建局部组

在 Pro/E 5.0 中,系统提供了一种有效的特征组织方法——组,其中每个组由数个在模型树中顺序相连的特征构成。用户可以将多个具有关联关系的特征归并到一个组里,从而减少模型树中的节点数目。更为重要的是它可以将多个特征及其参数融合到一起,更便于阵列、复制等编辑操作。

1. 组的创建

按住 Ctrl 键,在模型树中用鼠标左键依次选取多个特征,然后单击鼠标右键,在打开的快捷菜单中选择"组"选项;或在菜单栏中选择"编辑"|"组"命令,则被选取的这些特征自动合并为一个组,如图 9.23 所示。此外,系统可将经过"特征操作"命令创建的镜像、平移、旋转以及参考特征自动归并为一个组,并赋予一个默认的组名。

2. 组的分解

分解组是在模型树中选择成组特征,单击鼠标右键,选择快捷键中的"分解组"选项,则该组特征自动被分解。另外,组作为一个归并的整体,也可以与其他特征一样,进行复制、阵列等操作,且阵列、复制后的特征仍以组的形式存在。

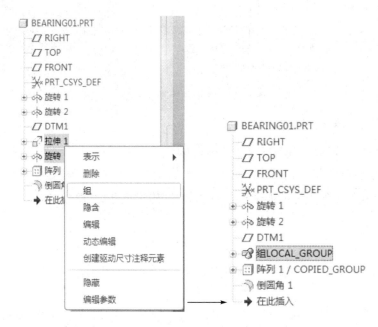

图 9.23　通过右键快捷菜单创建组

9.4　项 目 实 施

1. 新建文件

选择菜单"文件"|"新建"选项,在弹出的"新建"对话框中选择类型为"零件",子类型为

"实体",在名称文本框中输入文件名"bearing",清除"使用缺省模板"复选框,选用公制模板后,进入三维零件绘制环境。

2. 创建轴承内外圈旋转特征

(1) 单击按钮 ⊕,打开旋转特征操控板,选择 FRONT 平面为草绘放置平面。

(2) 单击草绘对话框中的"草绘"按钮,进入草绘界面。绘制如图 9.24(a)所示中心线和旋转截面图形。完成图样,确定尺寸后,单击工具栏上的按钮 ✔ 完成草绘。

(3) 将二维草图旋转成三维实体,单击预览检查无误后,单击完成按钮 ✔,完成旋转特征,如图 9.24(b)所示。

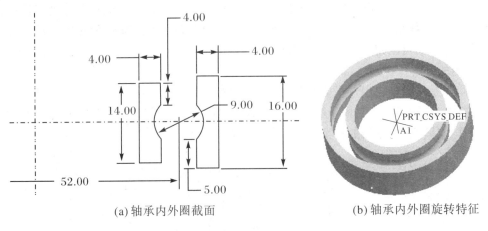

(a) 轴承内外圈截面   (b) 轴承内外圈旋转特征

图 9.24 轴承内外圈的创建

3. 创建轴承保持架旋转特征

(1) 再次单击按钮 ⊕,打开旋转特征操控板,选择 FRONT 平面为草绘放置平面。

(2) 单击草绘对话框中的"草绘"按钮,进入草绘界面。利用"直线"工具绘制如图 9.25(a)所示中心线和保持架旋转截面图形。完成图样,确定尺寸后,单击工具栏上的按钮 ✔ 完成草绘。

(3) 返回"旋转"操控面板后,单击面板中的"加厚草绘"按钮,输入厚度数值为 1,预览检查无误后,单击完成按钮 ✔,完成旋转特征,如图 9.25(b)、图 9.25(c)所示。

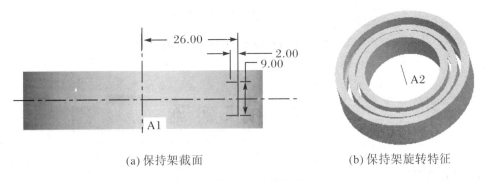

(a) 保持架截面   (b) 保持架旋转特征

图 9.25 创建的保持架旋转特征

(c) 加厚草绘

图 9.25　创建的保持架旋转特征(续)

4. 创建轴承保持架孔特征

（1）隐含零件显示

为便于对保持架孔特征的图形绘制,需将内外圈隐藏起来。鼠标右键单击模型树中的特征"旋转1",系统弹出快捷菜单,选择其中"隐含"命令,单击确定后,隐藏轴承内外圈,如图 9.26所示。

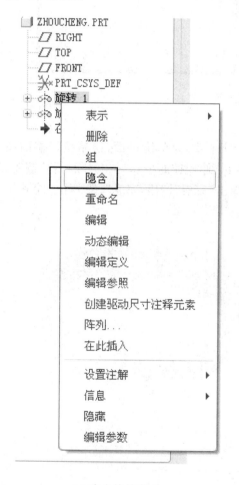

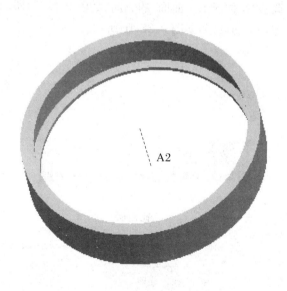

(a) 隐含快捷菜单　　　　　　　　　　(b) 隐含后的特征

图 9.26　隐含内外圈显示

（2）创建基准平面

单击基准工具栏中的"基准平面"按钮,系统弹出"基准平面"对话框,按住 Ctrl 键选择保持架外侧圆柱面及 FRONT 面,并分别设置两参照的约束类型为"相切"和"平行"。单击确定后,创建基准平面 DTM1,如图 9.27 所示。

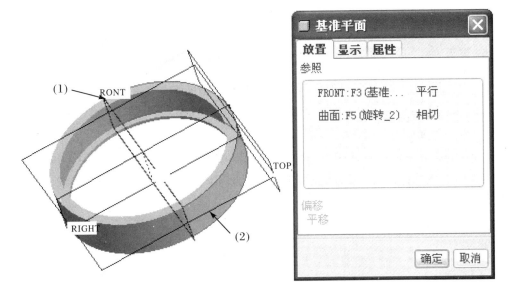

图 9.27 创建基准平面

（3）创建拉伸特征

单击"拉伸"按钮,在其操控面板的参照中选择 DTM1 为草绘平面,绘制拉伸截面图形——直径为 9 的圆,如图 9.28(a)所示,完成后返回拉伸操控面板,单击"去除材料"按钮,调整"拉伸至下一曲面"的方向,如图 9.28(c)所示,单击"完成"按钮,完成保持架上一个孔拉伸特征的创建,如图 9.28(b)所示。

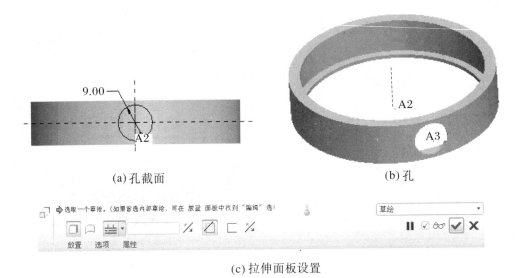

(a)孔截面 　　　　　　　　　　　　　　(b)孔

(c)拉伸面板设置

图 9.28 创建拉伸特征过程及结果

5. 创建轴承滚动体旋转特征

创建滚动体旋转特征。单击"旋转"按钮,打开"旋转"操控面板,选择 DTM1 平面作为草绘平面,绘制中心线及封闭的直径为 8.5 的半圆,如图 9.29(a)所示,完成后返回旋转操控面板,单击"完成"按钮,完成旋转特征的创建,如图 9.29(b)所示。

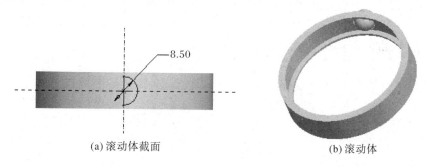

(a)滚动体截面　　　　　　(b)滚动体

图 9.29　创建旋转特征

6. 创建孔和滚动体的特征复制

(1) 孔和滚动体的复制。在菜单栏选取"编辑"|"特征操作"选项,系统弹出"特征"菜单管理器,在其中选取"复制"命令后打开"复制特征"菜单,在"复制特征"菜单管理器中依次选取"移动"|"选取"|"独立"|"完成"命令,此时打开"选取特征"菜单和"选取"对话框,如图 9.5、图 9.6 所示。

(2) 按住 Ctrl 键,在模型树中选取"拉伸 1"和"旋转 3",单击"选取特征"中的完成命令,打开"移动特征"菜单,选取其中"旋转"选项,此时系统会打开"选取方向"菜单和"方向"对话框,如图 9.15、图 9.16 所示。在"选取方向"菜单中选取"曲线"|"边"|"轴"后,在特征模型上选取 A2 轴,再选取"菜单管理器"中的"确定"命令。

(3) 在弹出的"输入旋转角度"文本框中输入角度 30°,单击完成按钮,系统回到"移动特征"菜单,单击其"完成移动"命令后,系统自动弹出"组元素"对话框、"组可变尺寸"菜单和"选取"对话框,如图 9.30 所示。

图 9.30　"组元素"、"组可变尺寸"和"选取"对话框

(4) 单击"组可变尺寸"菜单中的"完成"按钮和"组元素"对话框中的"确定"按钮,此时系统弹出"特征"菜单,单击"完成"命令,完成孔和滚动体的复制,如图 9.31 所示。

图 9.31　完成复制特征

7. 创建阵列特征

创建阵列特征。在模型树中选取复制的孔和滚动体,单击阵列工具按钮,在"阵列"操控面板中设置类型为"尺寸阵列",选择第一方向上的尺寸参照 30°,输入阵列个数为 12,单击"确认"按钮,完成阵列特征的创建,如图 9.32 所示。

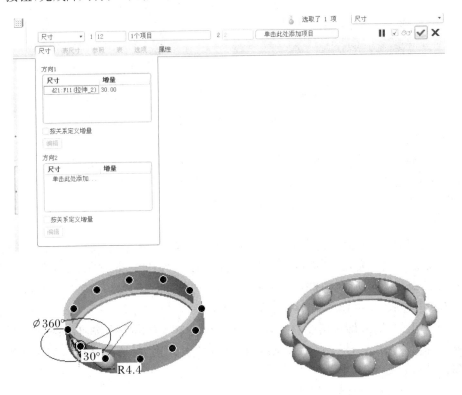

图 9.32　阵列孔和滚动体特征

（2）恢复隐含。在菜单栏中选择"编辑"|"恢复"|"恢复上一个集（L）"选项,将被隐含的轴承内外圈恢复显示,如图 9.33 所示。

图 9.33　恢复隐含的零件

图 9.34　完成的轴承模型

（3）创建倒圆角。单击倒圆角按钮,打开倒圆角操控面板,输入圆角半径为 1.5,选择需要倒圆角的边,完成倒圆角。

至此,完成整个轴承模型的创建,如图 9.34 所示。

9.5 知识拓展——特征粘贴

特征复制方法只能复制特征,对于一些非特征图素如特征上的面、曲线、边线等,就不能使用"特征操作"菜单。要既能够复制或移动特征,又能够操作非特征图素,就要用到复制、粘贴与选择性粘贴功能。利用系统通过的编辑命令可以复制和粘贴特征、曲线、曲面和边链等,也可以复制和粘贴两个不同模型之间的特征。复制和粘贴命令位于"编辑"菜单中,同时系统也提供了这些操作的快捷按钮 。选择特征后,可以激活"复制"按钮,单击"复制"按钮后,才能使用"粘贴"和"选择性粘贴"按钮。

1. 特征粘贴

使用"粘贴"命令可以将复制到剪贴板中的特征创建到当前模型中,此时系统打开被复制特征的特征创建界面,设计者可以在此界面中重定义复制的特征。比如,选择复制图 9.4 所示拉伸圆柱体特征后,使用"粘贴"命令,打开拉伸特征操控面板,需要重新定义粘贴特征的草绘截面的草绘平面与参照,进入草绘平面后单击放置复制特征的草绘平面,并可修改此草图(直径由原来的 30 改为 50)。完成草绘后返回拉伸操控面板,更改拉伸深度值为 40,最后完成特征的粘贴,如图 9.35 所示。

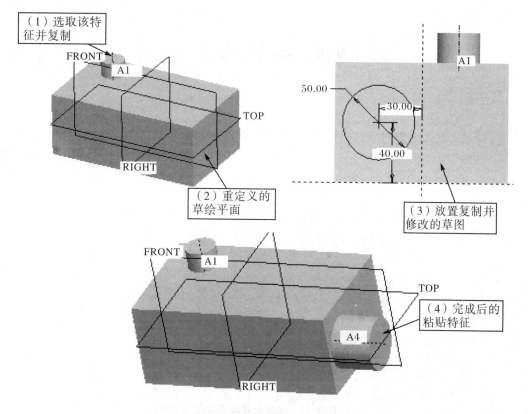

图 9.35 特征的复制与粘贴示例

2. 特征选择性粘贴

使用"选择性粘贴"功能可提供特征复制的一些特殊功能,如特征副本的移动、旋转、新参考复制等。使用"选择性粘贴",首先要选取一个特征并单击"编辑|复制"菜单项将其复制到剪贴板,然后单击"编辑|选择性粘贴"菜单项,打开"选择性粘贴"对话框,如图 9.36 所示。其中各选项的解释如下。

从属副本:创建原始特征的从属副本。在此项下有两种情况:"完全从属于要改变的选项",则被复制特征的所有属性、元素和参数完全从属于原始特征;"仅尺寸和注释元素细节",则仅有被复制特征的尺寸从属于原始特征。

对副本应用移动/旋转变换:通过平移、旋转的方式创建原始特征的移动副本,此选项对组阵列不可用。

高级参照配置:在生成被复制的新特征时可以改变特征的参照。在粘贴过程中列出了原始特征的参照,设计者可以保留这些参照或在粘贴的特征中将其替换为新参照。此功能相当于"特征复制"时的"新参考复制"或"相同参考复制"。

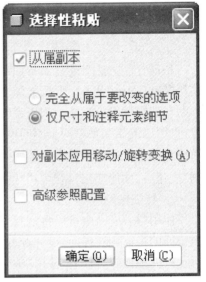

图 9.36　"选择性粘贴"菜单

9.6　实战练习

(1) 阵列练习。

① 使用角度尺寸阵列方式制作如图 9.37 所示的零件模型,尺寸自定义。

图 9.37　角度尺寸阵列练习

② 使用线性尺寸阵列方式,制作如图 9.38 所示的零件模型,尺寸自定义。

图 9.38 线性尺寸阵列练习

③ 按图 9.39 所示创建过程完成阵列练习,尺寸自定义。

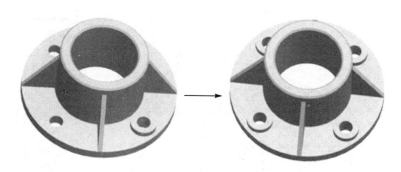

图 9.39 参考阵列练习

④ 使用填充方式阵列子特征,建立如图 9.40 所示模型,尺寸自定义。

图 9.40 填充阵列练习

（2）按照图 9.41、图 9.42 所示图纸完成零件建模。

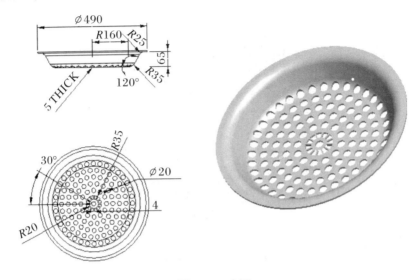

图 9.41　水漏

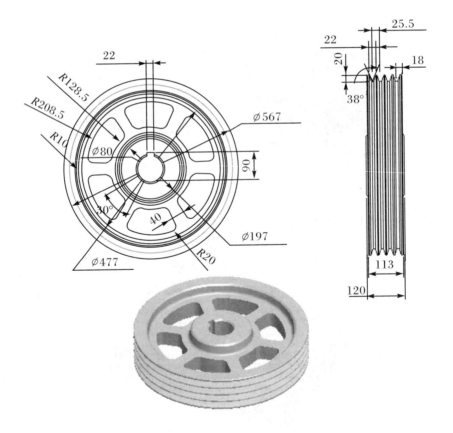

图 9.42　皮带轮

项目 10　阀门组件装配

知识目标：

① 了解元件装配的概念；

② 掌握装配的基本操作步骤；

③ 掌握设置装配机构连接的方法；

④ 了解组件分解视图的创建方法。

能力目标：

① 会导入现有元件；

② 学会灵活应用约束类型进行装配。

10.1　项目导入

装配如图 10.1 所示阀门，该组件由 A～J 10 个元件组成。

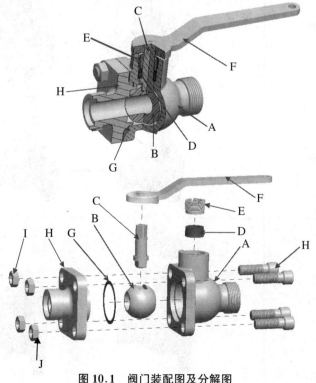

图 10.1　阀门装配图及分解图

10.2 项 目 分 析

依图 10.1 可知,该组件是由 A~J10 个元件组装而成,具体装配过程见表 10.1。

表 10.1 铰链体的装配过程

关键步骤	图 示
(1) 放置 A 元件	
(2) 放置 B 元件	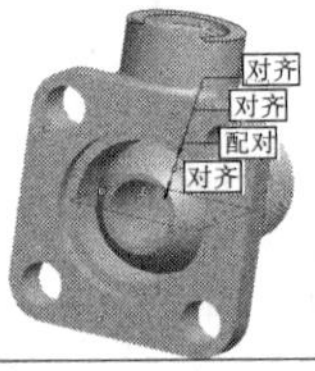
(3) 放置 C 元件	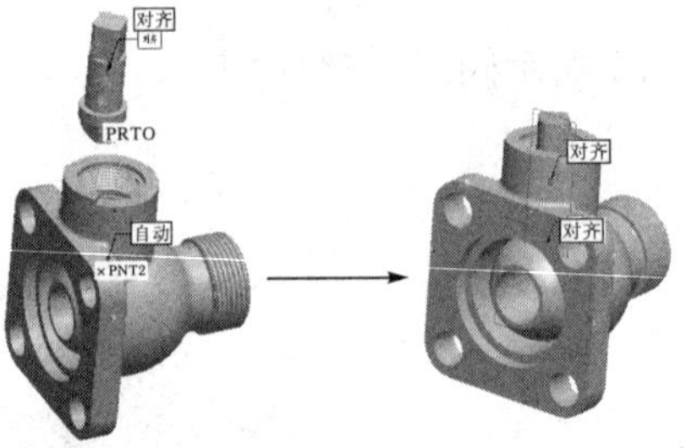
(4) 放置 D 元件	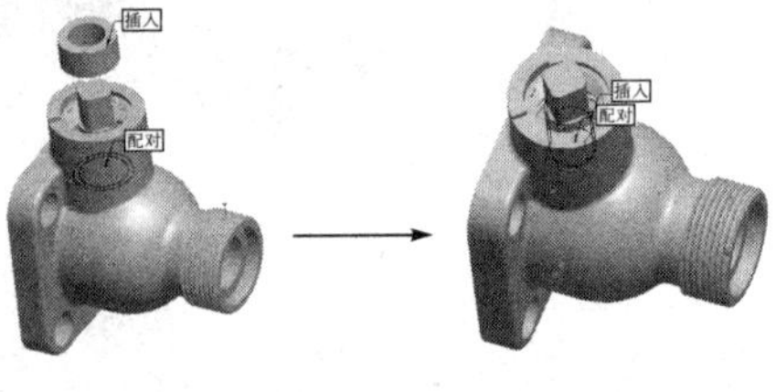
(5) 放置 E 元件	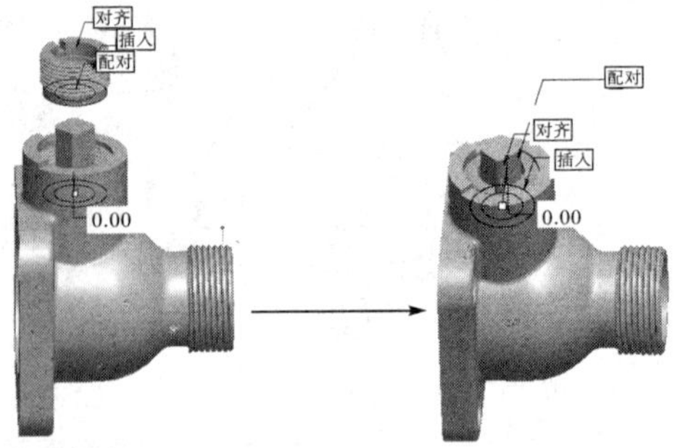

续表

关键步骤	图　示
(6) 放置 F 元件	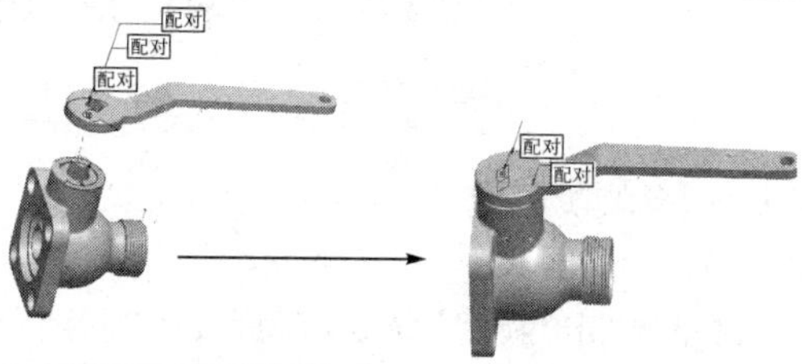
(7) 放置 G 元件	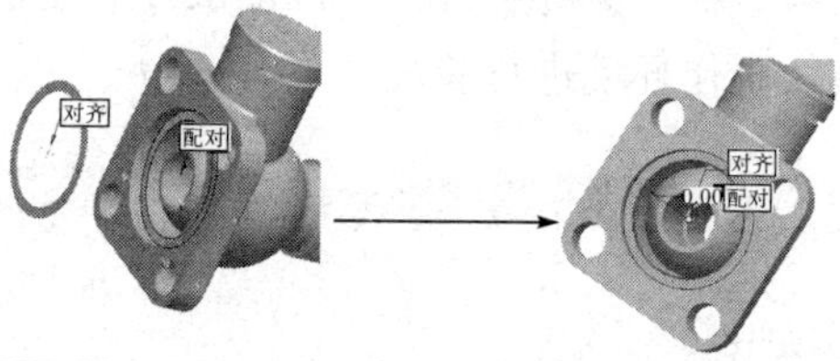
(8) 放置 H 元件	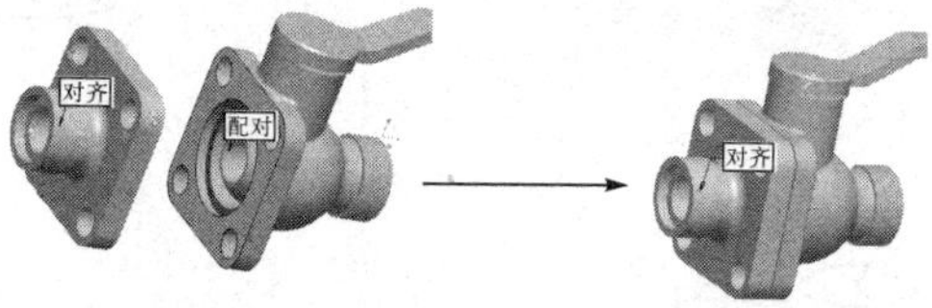
(9) 放置 I 元件	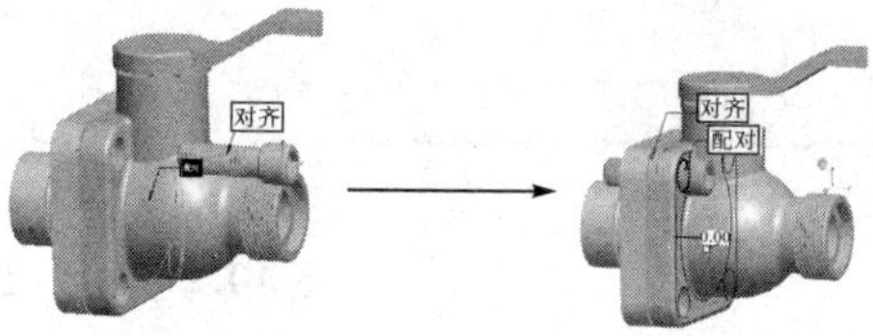
(10) 放置 J 元件	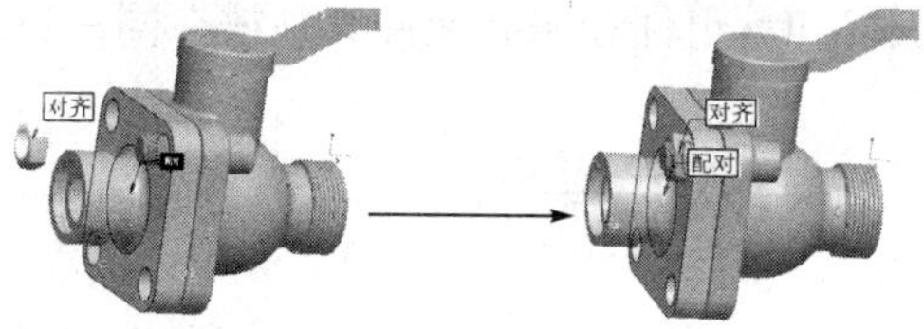
(11) 阵列	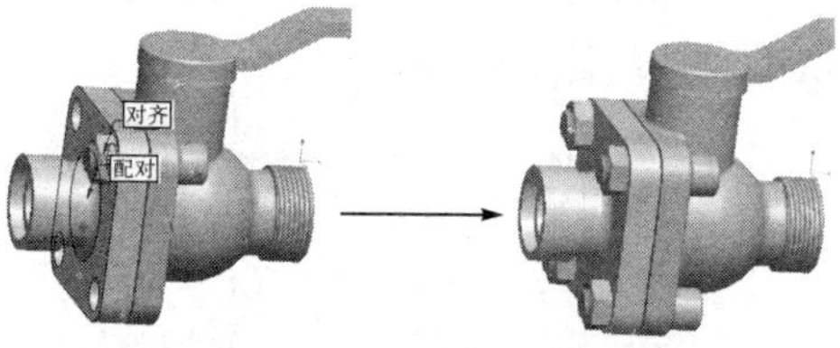
(12) 创建分解图	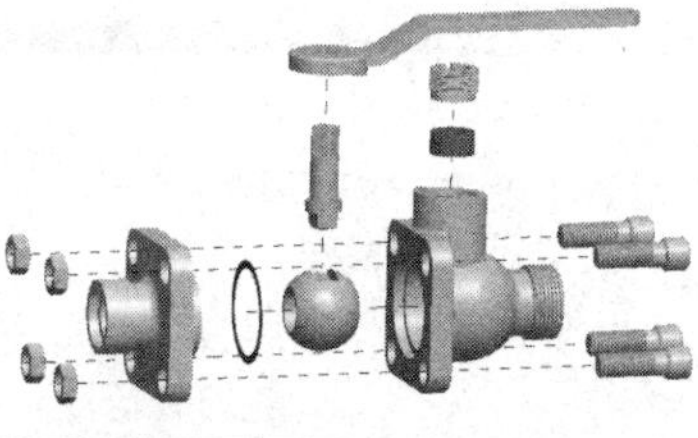

10.3　相关知识

10.3.1　装配环境

设置工作目录,单击"新建"命令,在打开的"新建"对话框中选择"组件",如图 10.2(a)所示。不使用缺省模板,选择图 mmns_asm_design 模板,如图 10.2(b)所示,单击"确定"图标,进入"组件"模块工作环境进行装配。

(a) (b)

图 10.2　新建组件

小提示:装配时,组件和所有元件必须放在同一目录下。

10.3.2　导入元件

单击"图标 "或单击菜单"插入"→"元件"→"装配",在弹出的打开对话框中选择要装配的零件后,单击"打开"图标,如图 10.3 所示。

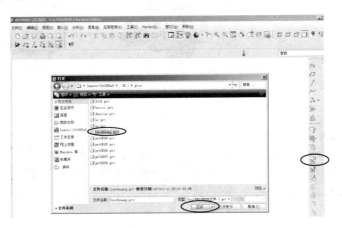

图 10.3　导入元件

10.3.3 装配方式

单击放置操控板上的"放置"图标,系统显示如图 10.4 所示的添加约束窗口,单击约束类型中的"自动",弹出下拉列表显示约束选项。

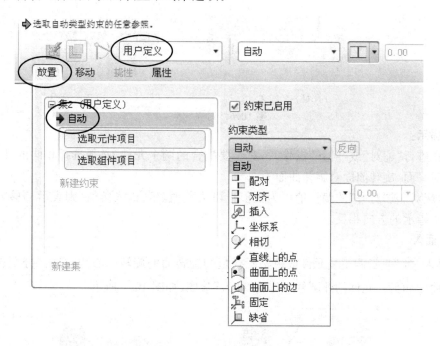

图 10.4 元件放置操纵板

小提示:选取约束集类型时"用户定义"是默认值。

1. 自动

"自动"是默认的方式,当选择装配参照后,程序自动以合适的约束进行装配。

2. 配对

"配对 ⊥ "是指两组装元件(或模型)所指定的平面、基准平面重合(当偏移值为零时)所示或相平行(当偏移值不为零时),并且两平面的法线方向相反如图 10.5(a)、图 10.5(b)所示。

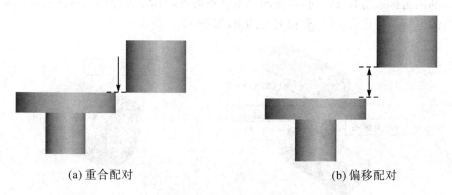

(a) 重合配对　　　　　　　　　　　　(b) 偏移配对

图 10.5 配对约束

3. 对齐

"对齐占"是指两组装元件或模型所指定的平面、基准平面重合（当偏移值为零时），或相平行（当偏移值不为零时），并且两平面的法线方向相同。选择两个元件的平面作为参照，使用"对齐"约束的结果如图 10.6(a)、图 10.6(b)所示。

(a) 对齐的距离　　　　　　　　　　　　(b) 重合对齐

图 10.6　对齐约束

小提示：

· 在进行"配对"或"对齐"操作时，对于要配合的两个元件，必须选择相同的几何特征，如平面对平面，旋转曲面对旋转曲面等。

· "配对"或"对齐"的偏移值可为正值也可为负值。若输入负值，则表示偏移方向与模型中箭头指示的方向相反。

4. 插入

"插入 🔲 "是指两组装元件或模型所指定的旋转面的旋转中心线同轴。分别选择元件的内孔曲面和另一元件的外圆柱面作为"插入"参照，如图 10.7 所示。

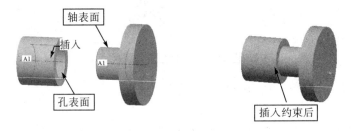

图 10.7　插入约束

5. 坐标系

将两组装元件所指的坐标系 ⅃ 对齐，也可以通过将元件与装配件的坐标系对齐来实现组装。利用坐标系组装操作时，所选两个坐标系的各坐标轴会分别选择两元件的坐标系，则两元件的坐标系将重合，元件即被完全约束，如图 10.8 所示。

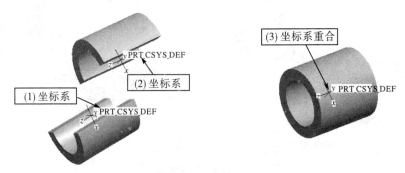

图 10.8　坐标系约束

6. 相切

"相切 ✎ "是指两组装元件或模型选择的两个参照面以相切方式组装到一起。选择元件的一个平面和另一元件的外圆柱面作为"相切"参照,则此约束的结果如图 10.9 所示。

图 10.9　相切约束

7. 直线上的点

"直线上的点 ✎ "是指两组装元件或模型,在一个元件上指定一点,然后在另一个元件上指定一条边线,约束所选的参照点在参照边上。边线可以选取基准曲线或基准轴。选择元件的一条实体边和另一元件的一个基准点作为约束参照,则结果如图 10.10 所示。

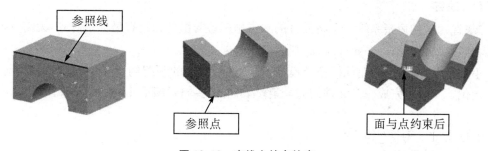

图 10.10　直线上的点约束

8. 曲面上的点

"曲面上的点 ✎ "是指两组装元件或模型,在一个元件上指定一点,在另一个元件上指定一个面,且使指定面和点相接触,控制点的位置在曲面上,曲面可以选取基准平面、实体面等。选择元件的实体平面和另一元件的一个基准点作为约束参照,则所选择的参照点被约束在参照平面上,如图 10.11 所示。

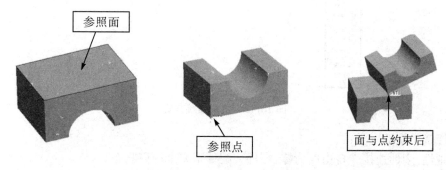

图 10.11　曲面上的点约束

9．曲面上的边

"曲面上的边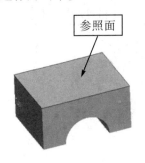"是指两组装元件，在一个元件上指定一条边，在另一个元件上指定一个面，且使它们相接触，即将参照的边约束在参照面上。选择元件的实体平面和另一元件的一条边作为约束参照，则所选择的参照边被约束在参照平面上，如图 10.12 所示。

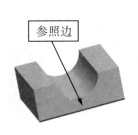
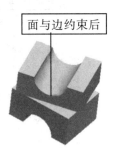

图 10.12　曲面上的边约束

10．固定

"固定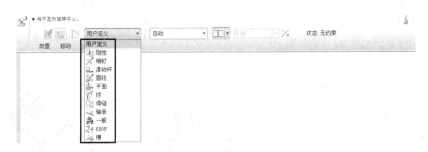"约束用来将元件固定在当前位置，无需选取参照。此类元件多是被移动或被封装的元件。

11．缺省

"缺省 　"约束指系统自动将元件的缺省坐标系与组件的缺省坐标系对齐，无需选取坐标系参照。当装配第一个元件时，通常使用此约束。

小提示：根据不同的元件模型及设计需要，选择合适的装配约束类型，从而完成元件模型的定位。一般要完成一个元件的完全定位，可能需要同时满足几种约束条件。

10.3.4　机构连接

直接单击放置操控板上"用户定义"图标弹出下拉列表选项，系统显示如图 10.13 所示的十几项机构连接类型。选择相应的连接类型，在"放置"面板左栏中相应显示该连接类型的约束规则，然后选择相应的元件参照和组件参照即可。

图 10.13　机构连接方式

各连接类型的含义：

· 刚性：刚性连接。自由度为零，零件装配处于完全约束状态。

· 销钉：销钉连接。自由度为 1，零件可沿某一轴旋转。

- 滑动杆:滑动连接。自由度为 1,零件可沿某一轴平移。
- 圆柱:缸连接。自由度为 2,零件可沿某一轴平移或旋转。
- 平面:平面连接。自由度为 2,零件可在某一平面内自由移动,也可绕该平面的法线旋转。
- 球:球连接。自由度为 3,零件可绕某点自由旋转,但不能进行任何方向的平移。
- 焊接:焊接。自由度为零,两零件刚性连接在一起。
- 轴承:轴承连接。自由度为 4,零件可自由旋转,并可沿某轴自由移动。
- 一般:选取自动类型约束的任意参照以建立连接。
- 6DOF:满足"坐标系对齐"约束关系。
- 槽:建立槽连接,包含一个"点对齐"约束,允许沿一条非直的轨迹旋转。

使用约束装配方式仅能表达各个装配元件之间的位置关系,要进行机构的运动分析与仿真需在机构连接装配方式下进行。

1. 移动元件

如果使用放置约束无法准确地定位元件,并且当元件的放置状态不是完全约束时,可以打开元件放置操控面板的"移动"下滑面板,利用系统提供的移动约束调整元件在装配环境中的位置和角度,如图 10.14 所示。

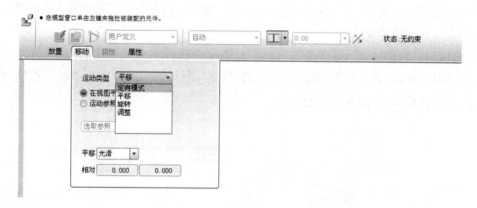

图 10.14　移动元件

- 定向模式:用来对元件进行定向。在工作区中单击,鼠标指针变为 ✥ ,按住鼠标中键进行拖动,即可对元件进行定向。
- 平移:在视图平面内或沿着所选参照平移元件。在工作区中单击鼠标并移动,元件跟随鼠标指针一起移动,再次单击鼠标可将元件固定到当前位置。
- 旋转:在视图平面中或者绕所选参照旋转元件。在工作区中单击鼠标并移动,元件会围绕单击位置或参照进行旋转,再次单击鼠标,可将元件固定。
- 调整:相当于一个临时约束,通过选取参照进行配对或对齐,以调整元件。使用"在视图平面中相对"方式,需要在元件上选取一个曲面,元件将自动进行调整,使所选曲面平行于视图平面。

小提示:

平移:Ctrl+Alt+鼠标右键。

旋转:Ctrl+Alt+鼠标中键。

2. 元件装配基本操作步骤

(1) 新建一个"组件"类型的文件,进入组件模块工作环境。

(2) 单击图标 或单击菜单"插入"→"元件"→"装配"命令,导入元件模型。

(3) 在元件放置操控板中,选择约束类型或机构连接类型,然后相应选择两个元件的装配参照使其符合约束条件。

(4) 单击"新建约束",重复上一步操作,直到完成符合要求的装配或连接定位,单击图标 ,完成本次零件的装配或连接。

(5) 重复步骤(2)～(4),完成下一个元件的装配。

10.4 项 目 实 施

1. 新建装配文件

单击主工具栏中的"新建"图标 ,在弹出的"新建"对话框中创建名称为"valve. asm"的组件,不使用缺省模板,选择"mmns_asm_design"模板,单击"确定"图标进入装配环境。

2. 导入 A 元件模型

单击窗口右侧图标 ,在弹出的"打开"对话框中选择本书配套光盘文件"A. prt"并单击"打开"图标,单击"元件放置"操控面板中的"放置"图标,按照图 10.15 所示设置"缺省"约束类型,单击图标 完成元件 A 的导入。

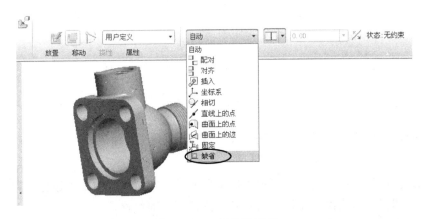

图 10.15 A 元件的放置

3. 导入 B 元件模型

单击图标 ,按上述方法导入本书配套光盘文件"B. prt",单击"元件放置"操控面板中的"放置"图标,在"约束类型"列表框中选择"对齐"选项,选取如图 10.16 所示两个元件的对应平面,单击"新建约束"选项在"约束类型"列表框中选择"配对"选项,选取如图 10.17 所示两个元件的对应平面,再单击"新建约束"选项,在"约束类型"列表框中选择"对齐"选项,选取如图 10.18 所示的两元件对应面,继续单击"新建约束"选项,选取如图 10.19 所示的两元件对应面,单击图标☑完成元件 B 的导入。

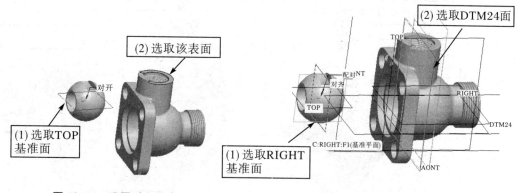

图 10.16 设置对齐约束   图 10.17 设置配对约束

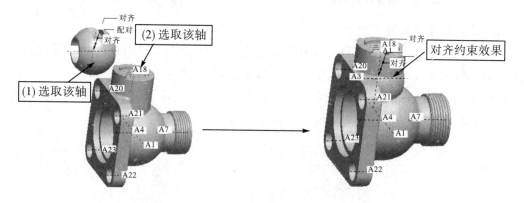

图 10.18 设置对齐约束

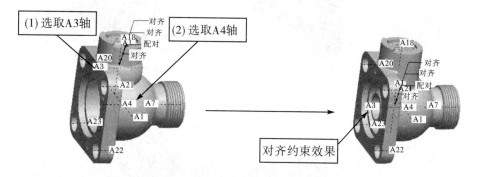

图 10.19 设置对齐约束

4. 导入 C 元件模型

单击图标![icon],按上述方法导入本书配套光盘文件"C. prt",单击"元件放置"操控面板中的"放置"图标,在"约束类型"列表框中选择"对齐"选项,选取如图 10.20 所示两个元件的对应平面,单击"新建约束"选项,在"约束类型"列表框中选择"对齐"选项,选取如图 10.21 所示两个元件的对应基准点,单击图标☑完成元件 C 的导入。

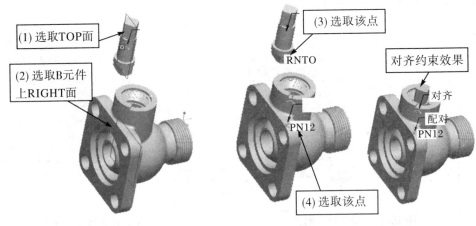

图 10.20　设置对齐约束　　　　　　图 10.21　设置对齐约束

5. 导入 D 元件模型

单击图标 ![icon]，按上述方法导入本书配套光盘文件"D. prt"，单击"元件放置"操控面板中的"放置"图标，在"约束类型"列表框中选择"插入"选项，选取如图 10.22 所示两个元件的对应表面；单击"新建约束"选项在"约束类型"列表框中选择"配对"选项，选取如图 10.23 所示两个元件的对应表面，单击图标 ![icon]完成元件 D 的导入。

图 10.22　设置插入约束

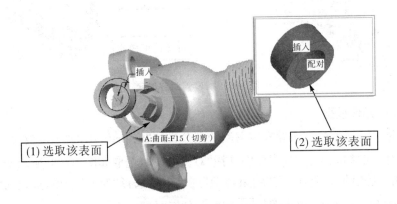

图 10.23　设置配对约束

小提示:装配时,单击元件放置操纵板上的图标▣,元件可以以单独窗口显示,使得元件上的参照选取较容易。

6. 导入 E 元件模型

单击图标▣,按上述方法导入本书配套光盘文件"E. prt",单击"元件放置"操控面板中的"放置"图标,在"约束类型"列表框中选择"插入"选项,选取如图 10.24 所示两个元件的对应表面,单击"新建约束"选项,在"约束类型"列表框中选择"对齐"选项,选取如图 10.25 所示两个元件的对应表面,继续单击"新建约束"选项,选取如图 10.26 所示的两元件对应面,单击图标✓完成元件 E 的导入。

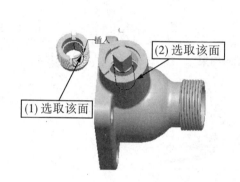

图 10.24　设置插入约束

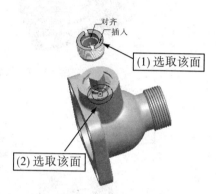

图 10.25　设置对齐约束

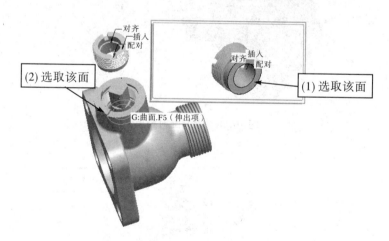

图 10.26　设置配对约束

7. 导入 F 元件模型

单击图标▣,按上述方法导入本书配套光盘文件"F. prt",单击"元件放置"操控面板中的"放置"图标,在"约束类型"列表框中选择"配对"选项,选取如图 10.27 所示两个元件的对应表面;单击"新建约束"选项,在"约束类型"列表框中选择"配对"选项,选取如图 10.28 所示两个元件的对应表面,继续单击"新建约束"选项,选取如图 10.29 所示的两元件对应面,单击图标✓完成元件 F 的导入。

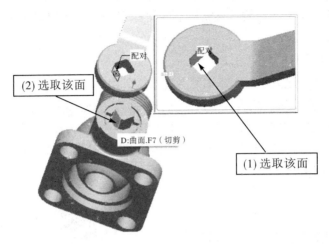

图 10.27　设置配对约束

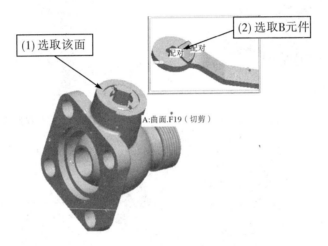

图 10.28　设置配对约束

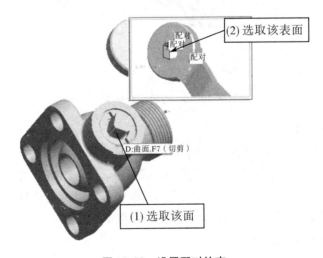

图 10.29　设置配对约束

8. 导入 G 元件模型

单击图标 🖳 ，按上述方法导入本书配套光盘文件"G. prt"，单击"元件放置"操控面板中的"放置"图标，在"约束类型"列表框中选择"配对"选项，选取如图 10.30 所示两个元件的对应表面；单击"新建约束"选项，在"约束类型"列表框中选择"对齐"选项，选取如图 10.31 所示两个元件的对应轴，单击图标 ☑ 完成元件 G 的导入。

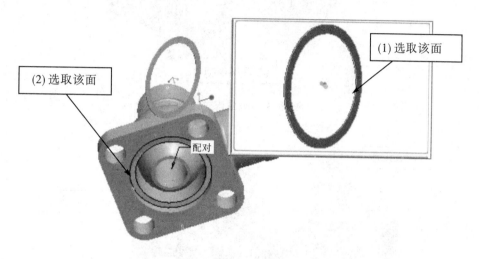

图 10.30　设置配对约束

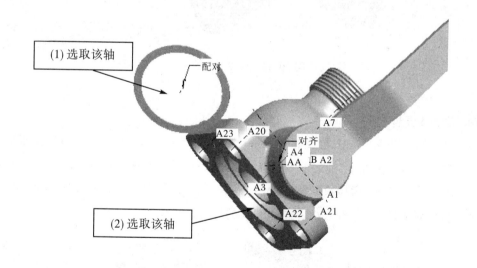

图 10.31　设置对齐约束

9. 导入 H 元件模型

单击图标 🖳 ，按上述方法导入本书配套光盘文件"H. prt"，单击"元件放置"操控面板中的"放置"图标，在"约束类型"列表框中选择"配对"选项，选取如图 10.32 所示两个元件的对应表面，单击"新建约束"选项，在"约束类型"列表框中选择"对齐"选项，选取如图 10.33 所示两个元件的对应轴，单击图标 ☑ 完成元件 H 的导入。

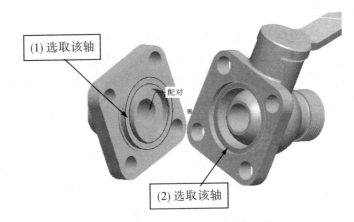

图 10.32　设置配对约束

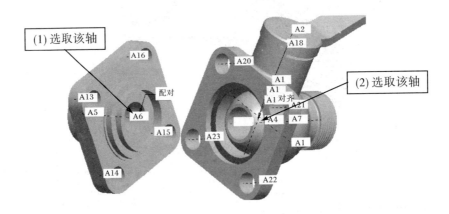

图 10.33　设置对齐约束

10.　导入 I 元件模型

单击图标 ⬚ ，按上述方法导入本书配套光盘文件"I. prt"，单击"元件放置"操控面板中的"放置"图标，在"约束类型"列表框中选择"配对"选项，选取如图 10.34 所示两个元件的对应表面；单击"新建约束"选项，在"约束类型"列表框中选择"对齐"选项，选取如图 10.35 所示两个元件的对应轴，单击图标 ☑ 完成元件 I 的导入。

图 10.34　设置配对约束

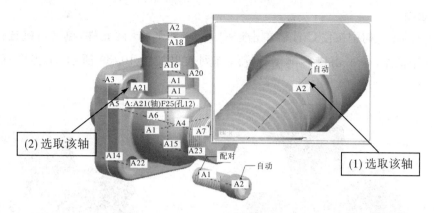

图 10.35　设置对齐约束

11. 导入 J 元件模型

单击图标 ![icon]，按上述方法导入本书配套光盘文件"J. prt"，单击"元件放置"操控面板中的"放置"图标，在"约束类型"列表框中选择"配对"选项，选取如图 10.36 所示两个元件的对应表面，单击"新建约束"选项，在"约束类型"列表框中选择"对齐"选项，选取如图 10.37 所示两个元件的对应轴，约束效果如图 10.38 所示，单击图标 ![check] 完成元件 J 的导入。

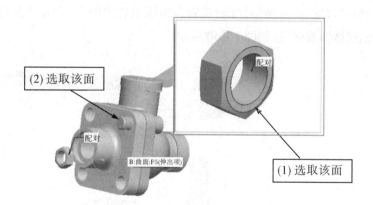

图 10.36　设置配对约束

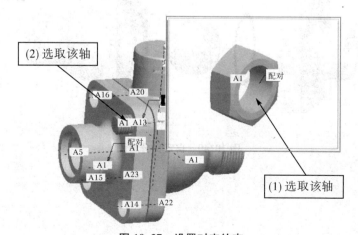

图 10.37　设置对齐约束

12. 阵列

在展开的模型树中按住 Ctrl 键单击选中 I. prt 和 J. prt 两元件,单击右键选择"组"选项,单击选中该组,单击窗口右侧图标 ▦ ,阵列效果如图 10.39 所示,单击图标 ☑ 完成阵列。

图 10.38　约束效果　　　　　　　　　图 10.39　设置阵列效果

13. 创建分解图

单击主工具栏"视图"|"分解"|"编辑位置",将该组件中的 15 个元件移动到适当位置,单击图标 ✗ ,创建修饰偏移线,如图 10.40 所示。

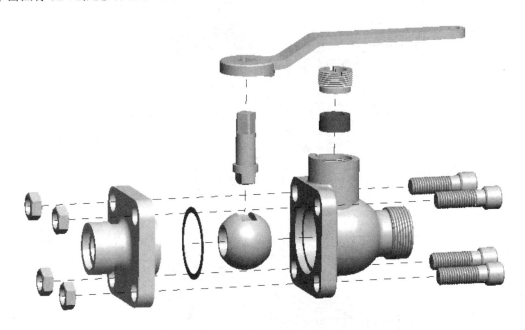

图 10.40　自定义分解图

10.5　项目拓展——组件分解视图

分解视图又称为爆炸图,是将装配好的组件模型重新分解开而得到的视图,该视图可以展示模型的装配关系和内部结构。

1. 自动分解视图

自动分解视图是指系统根据模型所用到的装配约束自动产生的分解视图。此视图的创建方法非常简单,打开模型装配文件后,选择"视图"|"分解"|"分解视图"菜单,系统将自动生成分解视图,如图 10.41 所示。

(a)　　　　　　　　　　　　　　　(b)

图 10.41　自动分解视图

2. 自定义分解视图

自动分解视图的效果往往是组件中各元件的位置不太理想,只有通过自定义分解来实现,自定义分解视图是设计者按照自己的设计构想定义的分解视图,是通过选择"视图"|"分解"|"编辑位置",打开编辑位置操控板,如图 10.42 所示。

移动选项　　　创建偏移线选项

图 10.42　编辑位置

(1) 移动元件

以图 10.41(b)为例说明。单击要移动的元件,出现一个坐标系,再将光标移到该坐标系的某一个轴上,光标立即变红,按住左键,元件就可以沿着这根轴移动,如图 10.43 所示。

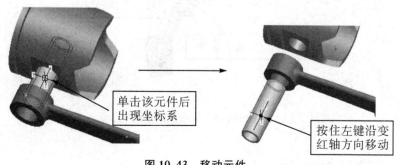

单击该元件后出现坐标系

按住左键沿变红轴方向移动

图 10.43　移动元件

（2）创建修饰偏移线

现以图 10.44(a)所示组件为例来说明创建修饰偏移线的流程。单击主工具栏"视图"|"分解"|"编辑位置"，如图 10.42 所示，将该组件中的 4 个元件移动到适当位置，单击图标 ，选取如图 10.45 所示两对应参照，创建第一条偏移线，选取如图 10.46 所示两对应参照，创建第二条偏移线。选取如图 10.47(a)所示两对应参照创建第三条偏移线，图 10.47 (b)所示为未经编辑的效果，选取该线单击右键"编辑分解线"图，添加拐角如图 10.47(c)所示，选取如图 10.48 所示两对应参照，创建第四条偏移线。

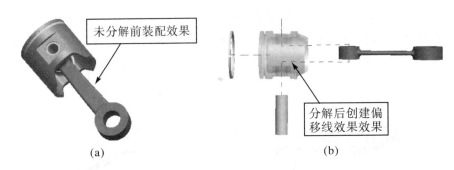

图 10.44　装配图与分解效果图

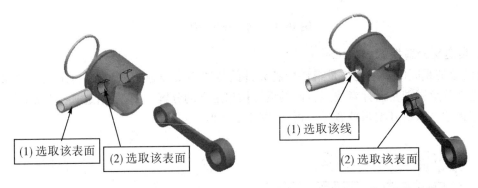

图 10.45　第一条偏移线　　　　　图 10.46　第二条偏移线

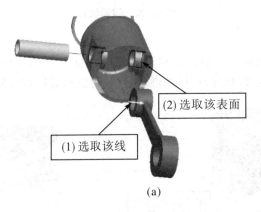

图 10.47　第三条偏移线

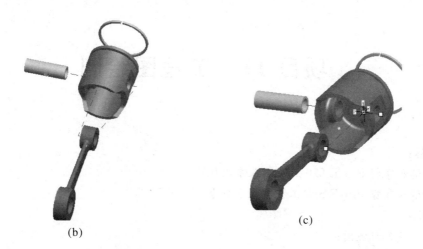

(b)

(c)

图 10.47　第三条偏移线(续)

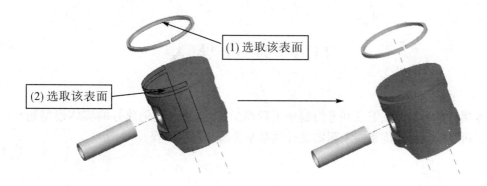

(1) 选取该表面

(2) 选取该表面

图 10.48　第四条偏移线

10.6　实 战 练 习

　　打开随书光盘中项目 10 文件夹所提供的源文件,进行上机练习装配并制作分解图,装配模型如图 10.49 所示。

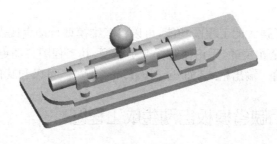

图 10.49　插销

项目 11　工程图绘制

知识目标：
　① 了解和掌握 Pro/E 5.0 工程图基本功能；
　② 了解和掌握 Pro/E 5.0 工程图基本命令。

能力目标：
　① 能创建各种视图；
　② 能调整视图；
　③ 能标注完整尺寸及添加注释。

11.1　项目导入

　　本项目是利用 Pro/E 5.0 专门制作工程图的模块，将已经创建好的实体模型制作成工程图。通过本项目熟练掌握工程图设计的基本步骤和基本流程。

11.2　项目分析

　　工程图用来显示零件的各种视图、尺寸、尺寸公差等信息以及表现各装配元件之间关系和组装顺序。虽然直接应用三维建模已经成为目前发展趋势，但工程图仍不可缺少。

11.3　相关知识

　　Pro/E 5.0 提供了强大的工程图功能，可以将三维模型自动生成需要的各种视图。而且工程图与模型之间是全相关的，无论何时修改了模型，其工程图自动更新，反之亦然。Pro/E 5.0 还提供多种图形输入输出格式，如 dwg、dxf、igs、stp 等，可以和其他二维软件交换数据。

11.3.1　使用缺省模板自动生成工程图

　　点击"文件"|"新建"，打开图 11.1 所示对话框，文档类型选择"绘图"，输入文档名称，在

"使用缺省模版"前打钩,点击"确定",打开图 11.2 所示的"新制图"对话框,选择欲生成工程图的模型文件,选择图纸大小,"确定",进入工程图环境,且自动生成模型的三个视图。

图 11.1　新建绘图类型文件

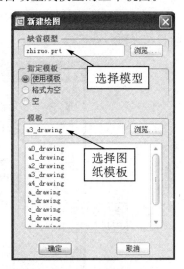

图 11.2　选择模型与模版

小提示:使用缺省模板自动生成的工程图往往不符合我国制图标准,一般不宜采用。

11.3.2　不使用模板生成工程图

(1) 点击"文件"|"新建",打开图 11.1 所示对话框,文档类型选择"绘图",输入文档名称,去掉"使用缺省模版"前钩,点击"确定"打开图 11.3 所示的"新制图"对话框,选择欲生成工程图的模型文件,在"指定模版"栏选择"空"模版,选择图纸大小及方向,点击"确定"进入工程图环境,显示一张带边界的空图纸。

(2) 在屏幕上方中央的绘图工具栏中选取创建一般视图"□"工具,打开图 11.4 所示的绘图视图对话框,在此给定视图名称、视图方向,点击"确定"。

(3) 生成其正投影视图:选择中央绘图工具栏中的"投影"图标,在图形窗口给定视图位置,自动在该处生成相应的投影视图(如果图形窗口中已有两个以上视图,生成投影视图时须指定父视图)。

图 11.3　无模版设置

（4）调整视图位置：为防止意外移动视图，缺省情况下视图被锁定在适当位置。要调整视图位置必须先解锁视图：选取视图，点鼠标右键，在弹出菜单中去掉"锁定视图移动"前的✓，这时工程图中的所有视图将被解锁，可以通过拖动鼠标进行移动。调整视图位置时各视图间自动保持对齐关系。

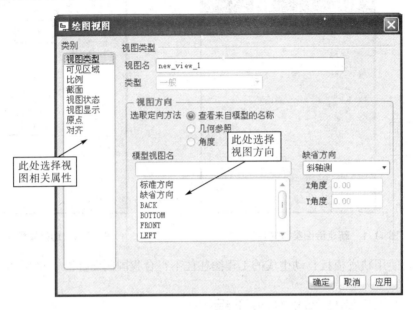

图 11.4　绘图视图对话框

（5）删除视图：选中视图，选择 Delete。

（6）修改视图：点选视图，点鼠标右键，在弹出菜单中点选"属性"，打开图 11.4 所示的绘图视图对话框，在此可重新定义视图名称、视图类型、可见区域、比例、剖视等。

小提示：

· 此时生成的工程图在很多方面都不符合我国的制图标准，如投影分角、文字标注样式等。需要详细设定工程图环境变量。

· 工程图环境中的显示控制与零件、装配等环境不同，在这里不能进行旋转操作，只能进行画面的缩放（滚动鼠标中间滚轮）和平移（按下并拖动鼠标中键）。

11.3.3　Pro/E 5.0 工程图类型

Pro/E 5.0 视图包括图 11.5 所示的几种类型：

图 11.5　常见视图类型

(1) 一般视图,往往用作第一个视图或三维轴测参考图。

投影:正投影视图;详图:局部放大图;辅助:向视图;旋转(R):旋转剖视图。

(2) 一般视图、投影视图、辅助视图根据其可见区域不同,又分为图 11.6 所示的 4 种形式:

全视图;半视图,只显示视图的一半;破断视图;局部视图,只画视图的一部分,但不放大,与 Detailed 视图不同。

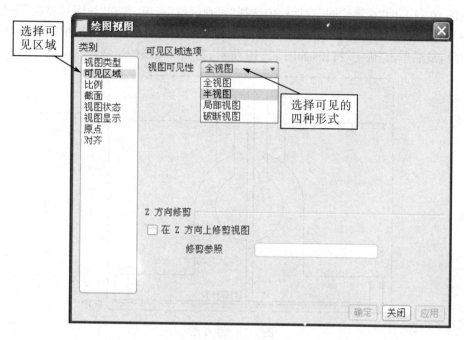

图 11.6　视图可见性

(3) 各种视图均可作剖视(图 11.7)或不剖视:完全,全剖;一般,半剖;局部,局部剖。

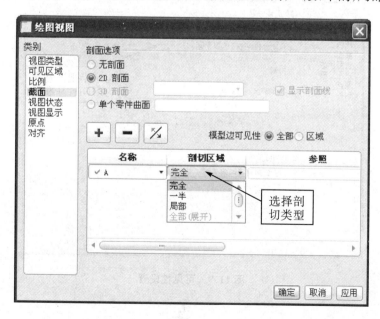

图 11.7

1. 创建半视图

半视图就是在不影响视图完整性的情况下,以模型中的平面或者基准面为分界面,只显示视图的一半,以达到节省图纸空间的目的。此类视图常用于具有对称性模型的工程图纸中。

以光盘中项目 11 的 banshitu. prt 为模型创建绘图文件,创建如图 11.8 所示主视图,双击该视图,在打开的"视图绘图"对话框中选择"可视区域"选项,并在"视图可见性"下拉列表中选择"半视图"选项,如图 11.9 所示。然后指定半视图的对称线标准选项,并在图中选择参照对象,最后单击"确定"按钮,如图 11.10 所示,完成半视图的绘制。

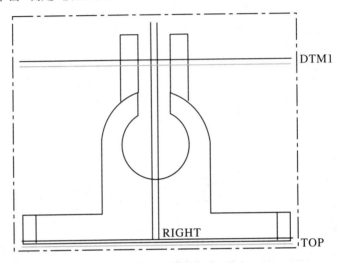

图 11.8 主视图

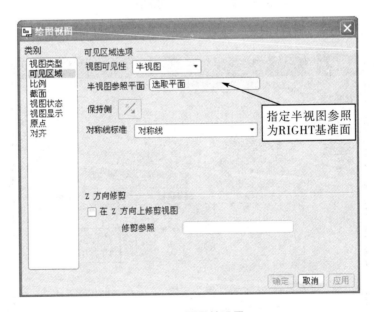

图 11.9 可见性设置

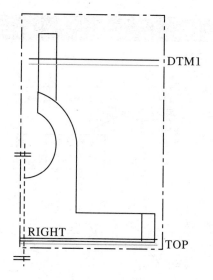

图 11.10　半视图

2.　创建局部视图

局部视图是将模型的某一部分向基本投影面投影所得到的视图,此类视图可以在不增加视图数量的情况下补充基本视图未能表达清楚的局部特征。

以光盘中项目 11 的 jubushitu.prt 为模型创建绘图文件,创建如图 11.11 所示主视图,双击需要修改为局部视图的视图,如图 11.12 所示,选择"绘图视图"对话框中的"可见区域"选项,并在"视图可见性"下拉列表中选择"局部视图"选项。在如图 11.13 所示绘图区域中,针对需要修改为局部视图的区域绘制样条线,最后单击"确定"按钮,得到如图 11.14 所示局部视图。

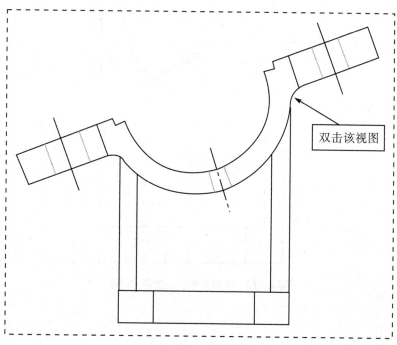

双击该视图

图 11.11　主视图

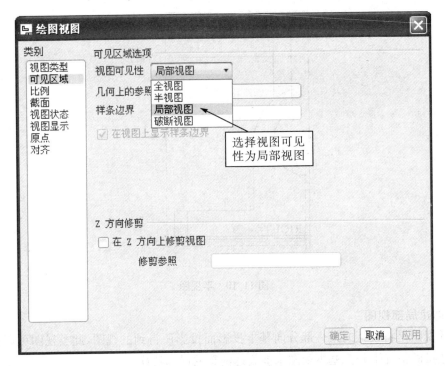

图 11.12 绘图视图对话框

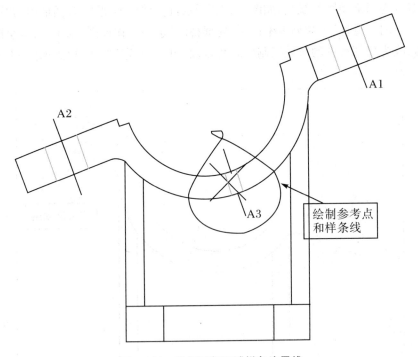

图 11.13 绘制局部区域样条边界线

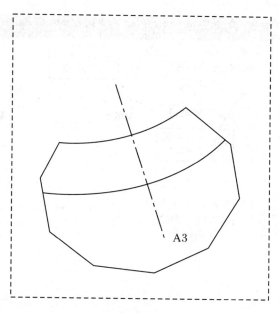

图 11.14　局部视图

小提示：如果创建的局部视图过小无法表达模型的形状结构，可以利用"绘图视图"对话框中的"比例"选项调整。

3. 创建破断视图

破断视图可以将模型中过长且特征单一的部分去掉，从而突出视图的表达重点，以达到提高视图整体效果的目的。此类视图常用于绘制结构简单的长轴、肋板、型材等零件。

以光盘中项目 11 的 poduan.prt 为模型创建绘图文件，创建如图 11.15 所示主视图，双击需要修改为破断视图的视图，如图 11.16 所示，选择"绘图视图"对话框中的"可见区域"选项，并在"视图可见性"下拉列表中选择"破断视图"选项然后单击"＋"按钮，如图 11.17 所示在视图上绘制用以确定破断区域的破断图元，最后单击"确定"按钮，得到如图 11.18 所示破断视图。

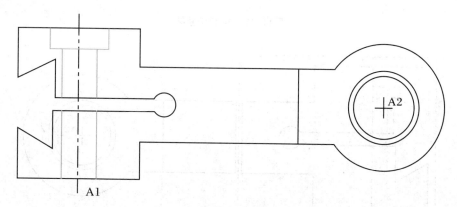

图 11.15　主视图

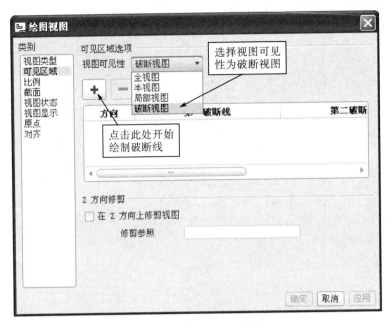

图 11.16　绘图视图对话框

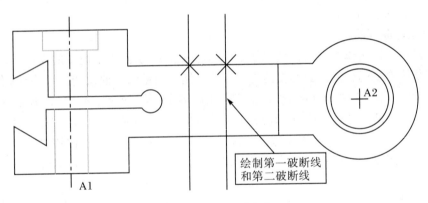

图 11.17　绘制破断线

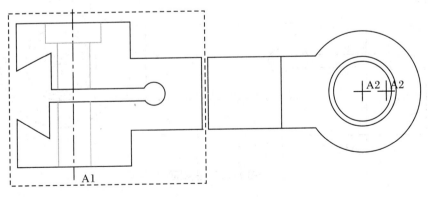

图 11.18　破断视图

4. 创建剖切视图

创建剖切视图时,可以在零件或者组件模型中创建一个剖切面,或者在视图中添加剖切面,或者在视图中添加剖切面,也可以在基准作为剖切面。

以光盘中项目 11 的 pouqie. prt 为模型创建绘图文件,创建如图 11.19 所示一组视图,双击需要修改为剖视图的视图,如图 11.20 所示。在"绘图视图"对话框中选择"剖面"选项。

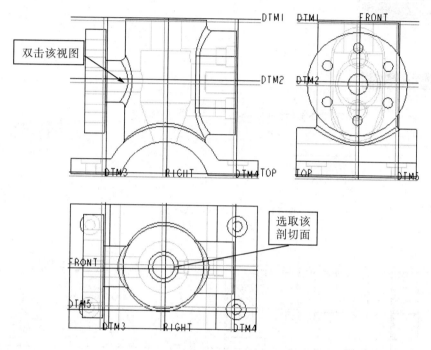

图 11.19　一组视图

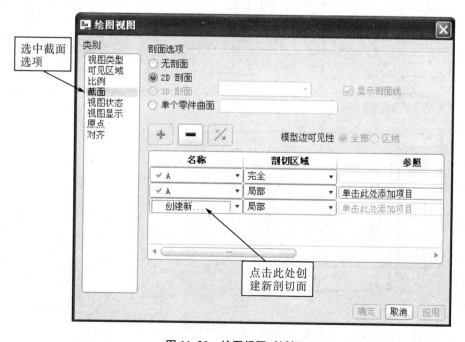

图 11.20　绘图视图对话框

　　选中"2D 截面"单选按钮,然后单击"＋"号按钮,接着在菜单管理器中选择"平面"、"单一"、"完成"选项。在图 11.19 所示中选取俯视图的 FRONT 面,在图 11.21 所示信息栏中输入截面名称,如图 11.22 所示完成创建剖切视图。

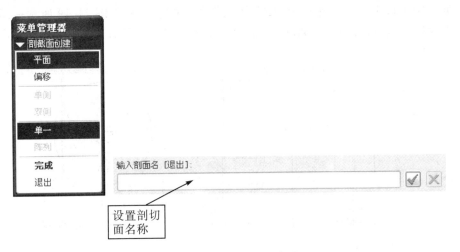

图 11.21　输入剖切面名称

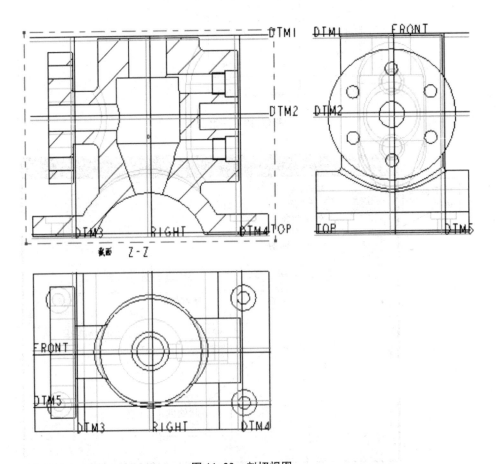

图 11.22　剖切视图

11.4　项　目　实　施

1. 建立工程视图

运行 Pro/E 5.0,如图 11.23 所示,单击"新建",弹出新建对话框,选择"绘图",输入名称"zhizuo",取消勾选"使用缺省模板",单击。随后弹出"新建绘图"对话框,单击"缺省模型"下的"浏览",指定已经绘制好的 3D 模型文件"zhizuo.prt","指定模板"选择"空","方向"为"横向","大小"选择"A3",单击"完成",进入 2D 绘图环境,如图 11.24 所示。

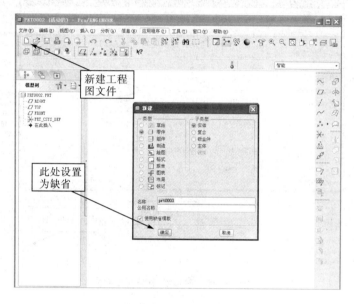

图 11.23　新建绘图文件

图 11.24　设置绘图模型及模

2. 绘图环境设置

选择"文件——绘图选项",如图 11.25 所示,打开选项设置框,点击打开配置文件,打开软件安装路径下的 Pro/E 5.0\text\,选择并打开配置文件"cns_cn. dtl",点击"应用"结束。

图 11.25　设置绘图配置文件

3. 建立视图

(1) 创建主视图

如图 11.26 所示,切换到"布局",单击"一般",在绘图区某处单击放置一般视图,同时弹出"绘图视图"对话框,如图 11.27 所示,然后设置部分选项卡(每个选项卡设置完后都先点击"应用",再设置下一个选项卡)。完成创建主视图同时设置视图的显示样式,如图 11.28 所示,在绘图区右侧的绘图树选中主视图"zhizuo_view_1",右击打开右键菜单,取消钩选"锁定视图移动"。然后鼠标指向视图,左键拖动至合适位置,如图 11.29 所示。

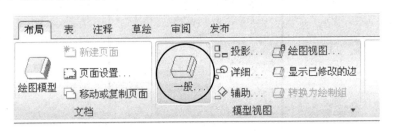

图 11.26　设置一般视图

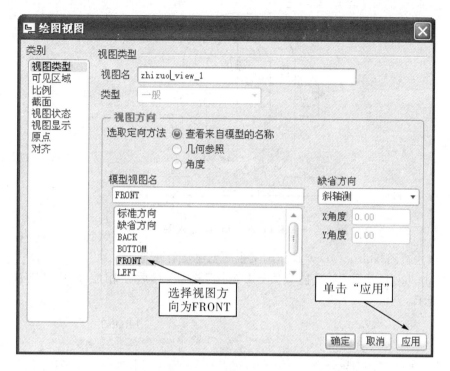

图 11.27　设置视图类型

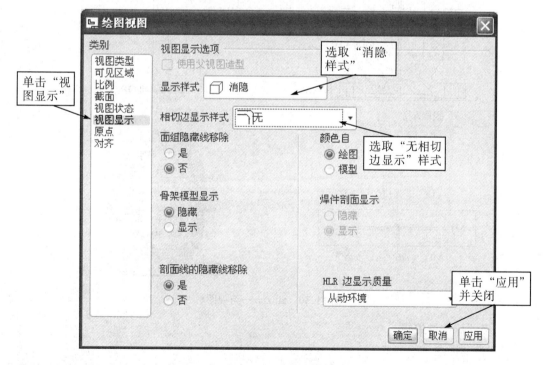

图 11.28　视图显示设置

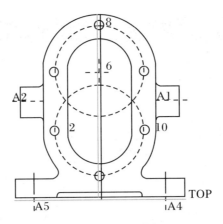

图 11.29　zhizuo 主视图

（2）以主视图"zhizuo_view_1"作为父视图创建其余视图。

右击 zhizuo 主视图,选择插入"投影视图"选项,然后在相应子视图位置点击,如图 11.30所示。

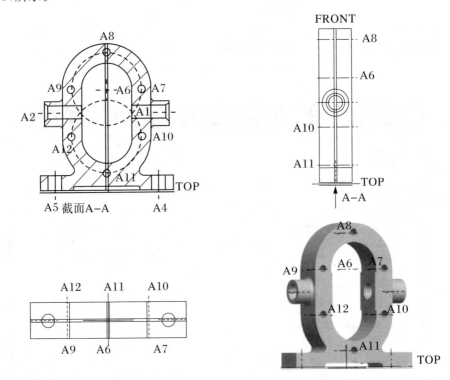

图 11.30　zhizuo 一组视图

4. 尺寸标注与编辑

（1）自动标注

如图 11.31 所示,进入绘图"注释"环境下可以自动标注视图尺寸,单击"显示模型注释"按钮出现如图 11.32 所示对话框。然后单击"主视图"显示如图 11.33 所示尺寸自动标注画面。在对话框中钩选需要在该视图中自动标注的尺寸并调整好尺寸位置,结果如图 11.34所示。

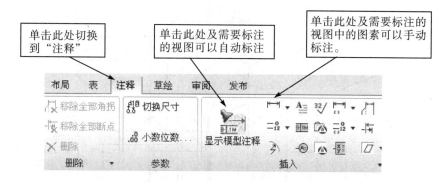

图 11.31　尺寸标注环境界面

图 11.32　尺寸自动标注对话框

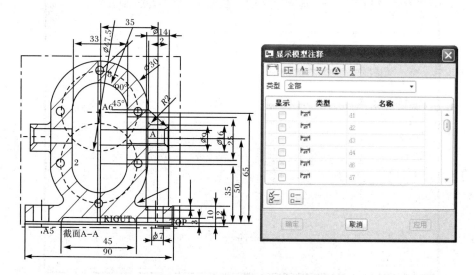

图 11.33　所有尺寸自动标注画面

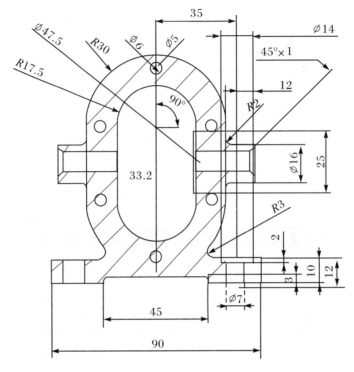

图 11.34　保留需要自动标注的尺寸

（2）编辑尺寸

选中需要修改的尺寸，单击右键就会出现"尺寸属性"选项卡，如图 11.35 所示，用于设置尺寸的基本属性，如公差、格式、尺寸界限等。值和公差用于单独设置所选尺寸的公差，包括公差显示模式、尺寸的公称值和上下偏差。格式用于设置尺寸的显示格式，即尺寸是以小

图 11.35　尺寸属性对话框

数形式还是以分数形式显示,并且可以设置小数点后的保留位数和角度尺寸的单位。显示可以将零件的外部轮廓等基本尺寸按照基本形式显示,将零件中需要检验的重要尺寸按照检查形式显示。另外,还可以单击方向箭头按钮使箭头反向,如图 11.36 所示。

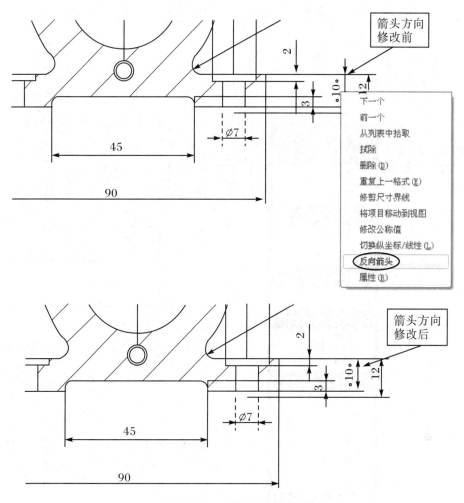

图 11.36　修改尺寸箭头方向

小提示:在尺寸属性的对话框下方,通过单击相应的按钮,可以移动尺寸或者文本以及修改添加标注和添加文本符号等。

5. 添加注释

为倒角添加注释文字。如图 11.37 所示,切换到注释,单击"注解",弹出"菜单管理器",选择"ISO 引线"|"输入"|"水平"|"标准"|"缺省"|"进行注解",随后如图 11.38 所示弹出"依附类型"菜单管理器,引导线起始位置为图元上,引导线起端类型为箭头,选择"图元上"|"箭头",在视图中选择倒角图元,单击"完成"。如图 11.39 所示,将出现"获得点"菜单管理器,选择"选出点",在需要注释的位置上单击,如图 11.40 所示,出现输入框和"文本符号"窗口,输入注释内容,单击"确认",再单击退出即可。添加倒角注释结果如图 11.41 所示。

注释类型管理器中包括下列选项:

- 无引线指引创建的注释不带有指引线即引导线;
- 带引线创建带有方向指引的注释;

·ISO 导引创建 ISO 样式的方向指引；

·在项目上将注释连接在变、曲线等图元上；

·偏距注释和选取的尺寸、公差、符号等间隔一定的距离；

·输入与文件用于制定文字内容的输入方式。

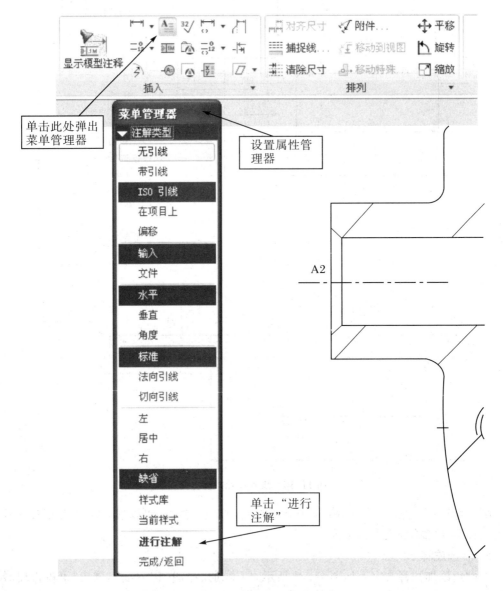

图 11.37　设置注解菜单管理器

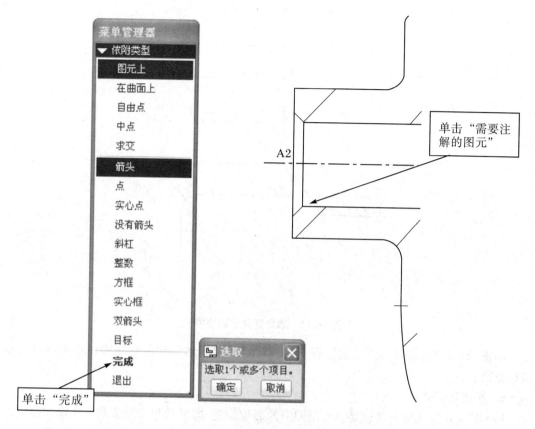

图 11.38　依附类型菜单管理器

图 11.39　获得点菜单管理器

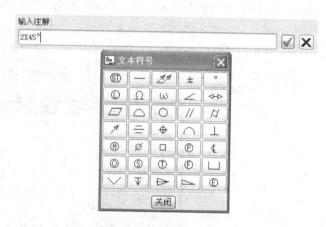

图 11.40　输入注解内容

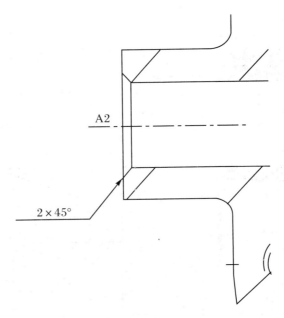

图 11.41　添加倒角注解结果

小提示：如果需要修改添加的注释，可以双击该注释，然后利用打开的注释属性对话框进行修改。

6. 标注几何公差

Pro/E 5.0 的几何公差就是机械制图中的形位公差，即形状与位置公差。在添加模型的标注时，为满足使用要求，必须正确合理的规定模型几何要素的形状和位置公差，而且必须限制实际要素的形状和位置误差，其命令调用方法如图 11.42 所示。

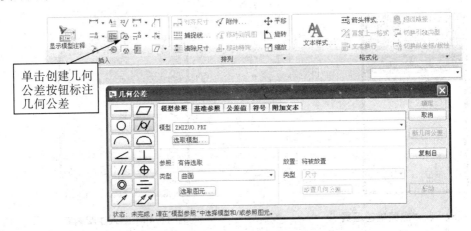

图 11.42　几何公差对话框

小提示：不管在绘图模式还是在零件模式下创建几何公差，都可以使用显示及拭除对话框显示或者拭除。

11.5　知识拓展——工程图环境变量及格式

11.5.1　工程图环境变量

（1）Pro/E 5.0 提供几种工程图标注选择，如 JIS、ISO、DIN 等，其相关参数分别放在 Pro/E 5.0 安装目录\text\＊＊＊.dtl 文件中。

（2）config.pro 中的语句"drawing_setup_file 路径\＊＊＊.dtl"用以加载相应文件中设置的工程图环境变量。启动 Pro/E 5.0 时，在加载 config.pro 的同时，也加载了其中指定的 dtl 文件。当启动时找不到 config.pro、config.pro 中未指定 dtl 文件及 config.pro 中指定的 dtl 文件不存在时，将自动使用 Pro/E 5.0 安装目录\text\prodetail.dtl 中对工程图环境变量的设置。

（3）工程图环境变量举例：如表 11.1 所示。

表 11.1　工程图环境变量举例

环境变量	设　置　值	含　义
Drawing_text_height	3.500000	工程图中的文字字高
text_thickness	0.00	文字笔画宽度
text_width_factor	0.8	文字宽高比
projection_type	THIRD _ ANGLE/FIRST _ANGLE	投影分角为第三/第一角分角，我国采用第一分角 FIRST_ANGLE
Tol_display	YES/NO	显示/不显示公差
Drawing_units	Inch/foot/mm/cm/m	设置所有绘图参数的单位

（4）修改工程图环境变量的方法。

① 编辑修改某一 dtl 文件，并将其通过"drawing_setup_file 路径\＊＊＊.dtl"指定在 config.pro 中。

② 在不使用 config.pro 的情况下，将设置值设定在"Pro/E 5.0 安装目录\text\prodetail.dtl"中。可以直接修改 prodetail.dtl 文件，或将做好的 dtl 文件命名为 prodetail.dtl。

③ 在 Pro/E 5.0 工程图环境中，点击"文件"|"绘图选项"|"打开图"；得到如图 11.43 所示的对话框，用以查找或修改工程图环境变量。

图 11.43　环境变量设置对话框

11.5.2　图框格式与标题栏

1. 使用系统定义的图框格式

Pro/E 5.0 系统自带若干个图框格式(放在"Pro/E 5.0 安装目录\Formats\"下),选用这些图框格式,可以在新建工程图文档时,"文件"|"新建(N)",文档类型选择"绘图",输入文档名称,去掉"使用缺省模版"前的✓,"确定",打开"新制图"对话框,在"指定模版"栏选择"格式为空",选择一款系统给定的图框即可。

2. 用户自定义图框格式与标题栏

(1)"文件"|"新建",文档类型选择"格式",输入文档名称,点击"确定"打开"新格式"对话框,"指定模版"栏选择"空",然后选定图纸的方向及大小,确定。

(2)进入格式环境,用以定义一种图框格式。可以方便地用主菜单的"表(B)"菜单或右侧工具栏中的"▤"工具创建标题栏。也可以用右侧工具栏中的绘制工具绘制并编辑标题栏。

(3)将设计好的标准图框和标题栏保存(存为 frm 文件),以后在进行工程图绘制时,通过在新建工程图文档时的"新制图"对话框中的"指定模版"栏选择"格式为空",然后选定上面做好的 frm 文件。

小提示:

· Pro/E 5.0 自带的图框格式一般不足以满足我们的要求,需要自己定义图框格式。

· 也可以将其他二维软件中画好的图框(如 Auto CAD)保存为 frm 格式来使用。

· 还可用上述方法在工程图环境临时制作标题栏,工程图环境中有相应的工具。

11.6 实战练习

(1) 根据图 11.44 先创建法兰盘实体模型,再完成其工程图绘制。

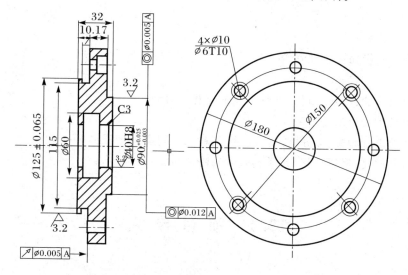

图 11.44

(2) 根据图 11.45 先创建轴零件实体模型,再完成其工程图绘制。

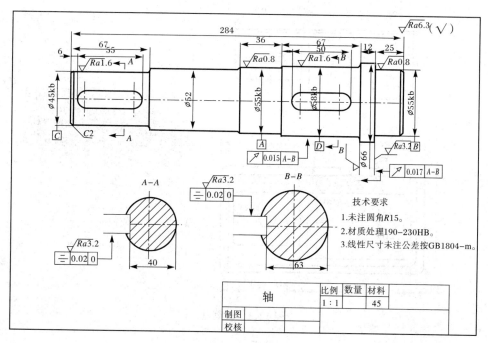

图 11.45

项目 12　创建洗菜盆模型

知识目标：

① 了解曲面模型；

② 掌握曲面建模的一般过程。

能力目标：

① 学会应用拉伸、旋转、扫描、平行混合创建基本曲面；

② 学会填充曲面的创建方法；

③ 能对曲面进行相交、合并、修剪、延伸、偏移、加厚、实体化等编辑；

④ 学会曲面连接、倒圆角、倒角等编辑方法的应用。

12.1　项目导入

生产如图 12.1 所示洗菜盆，需建立三维模型，进而进行模具设计，要求根据图示尺寸建立图右侧三维模型。

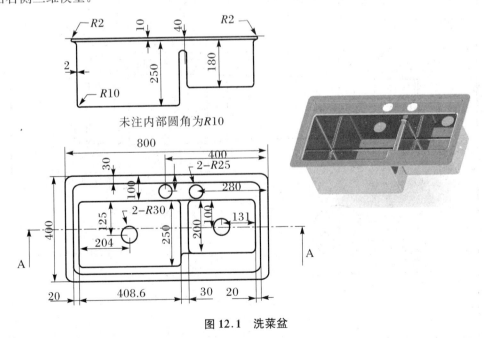

未注内部圆角为R10

图 12.1　洗菜盆

12.2　项　目　分　析

根据图 12.1 可知,该产品为薄壁件,可以采用实体抽壳和曲面加厚的两种方法,本节采用曲面加厚的方法。所有曲面均为规则曲面,平面区域采用填充方式创建、盆体采用拉伸方式创建、4 个孔采用拉伸修剪和填充,曲面修剪的方式创建。具体建模过程见表 12.1。

表 12.1　洗菜盆的建模过程

关键步骤	图　示
(1) 填充	
(2) 偏移、拉伸曲面	
(3) 拉伸封闭端曲面	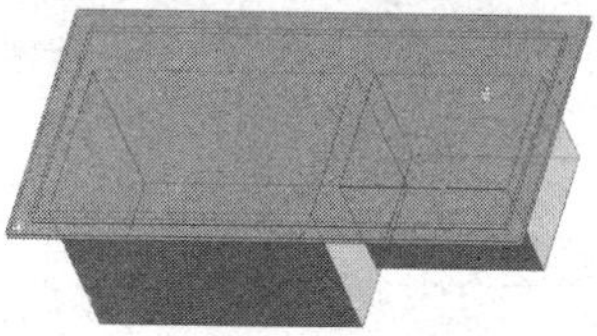
(4) 曲面合并	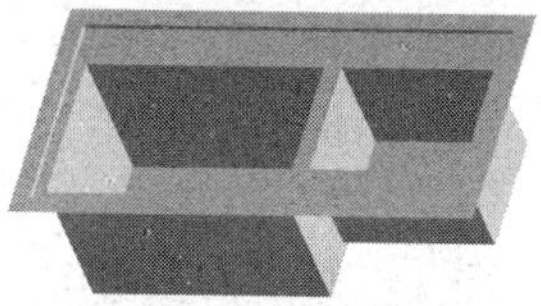
(5) 扫描曲面、延伸、合并曲面	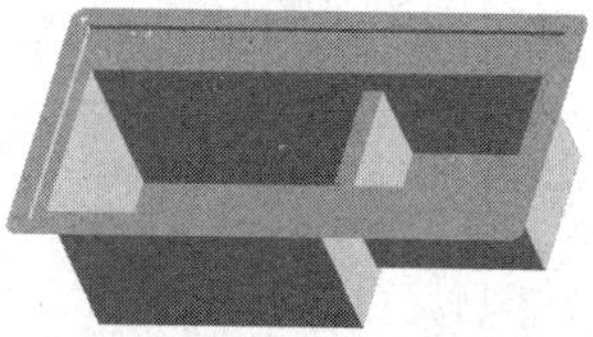
(6) 修剪、倒圆角、加厚	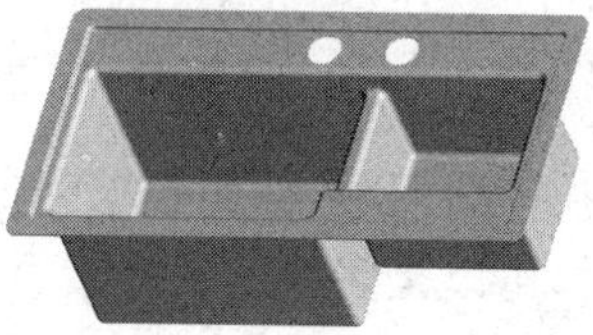

12.3 相关知识

12.3.1 规则曲面

1. 拉伸曲面

利用"拉伸"工具，将二维草绘向垂直于草绘平面的方向延伸到指定位置或深度，可创建拉伸曲面，图 12.2 所示为拉伸曲面。

图 12.3 所示为拉伸曲面特征的对话栏，图 12.4 所示为拉伸曲面特征的上滑面板，其中：

- 图标 代表拉伸为曲面；
- "选取 1 个项目"可以通过选择已创建的二维草绘图作为拉伸截面；

图 12.2 拉伸曲面

- "定义"代表重新编辑或创建一个特征内部的草绘图；
- "封闭端"表示曲面在拉伸后，是否在起止截面处生成封闭端曲面。

图 12.3 拉伸曲面对话栏

图 12.4 拉伸曲面上滑面板

小提示：创建拉伸曲面时，截面要求满足以下条件。

- 截面闭合时，可以是多个图形嵌套、相对独立或两种情况的组合，分别对应表 12.2 中 (1)、(2)、(3)；
- 如果截面开放，则只能有开放图形，且只能有一个；

·截面可以出现图元相交的情况,对应表 12.2 中的(4);

·当截面封闭时,拉伸曲面上滑中的"封闭端"选项被激活,可确定是否把拉伸曲面的起止截面处用平整曲面封闭。

表 12.2

多个图形嵌套	相对独立	嵌套＋独立	图元相交
(1)	(2)	(3)	(4)

2. 旋转曲面

利用"旋转"工具 ,可将草绘截面绕一中心线旋转到指定位置或角度,可创建旋转曲面,图 12.5 所示为旋转曲面。

图 12.6 所示为旋转曲面特征的对话栏,图 12.7 所示为旋转曲面特征的上滑面板,其中:

图 12.5　旋转曲面

·图标 代表旋转为曲面;

·"选取 1 个项目"可以通过选择已创建的二维草绘图作为旋转截面;

·"轴"为截面的旋转轴,分为内部轴和外部轴,内部轴为草绘图中的几何中心线或选定为旋转轴的中心线,外部轴可选择任意坐标系的 X、Y、Z 轴、直线、边或其他旋转特征的旋转轴;

·"定义"代表重新编辑或创建一个特征内部的草绘图;

·"封闭端"表示曲面在旋转后,是否在起止截面处生成封闭端曲面。

图 12.6　旋转曲面对话框

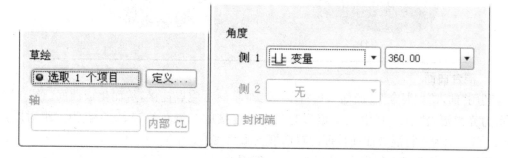

图 12.7　旋转曲面上滑面板

小提示：创建旋转曲面时，截面要求满足下列条件。

- 截面图形只能出现在旋转轴的一侧；
- 截面闭合时，可以是多个图形嵌套、相对独立或两种情况的组合；
- 如果截面开放，则只能有开放图形，且只能有一个；
- 截面可以出现图元相交的情况；
- 当截面封闭时，图 12.7 中"封闭端"选项被激活，确定是否把旋转曲面的起止截面处用平整曲面封闭。

3. 扫描曲面

　利用"插入"|"扫描"|"曲面"，可将草绘截面沿一轨迹运动，从而生成曲面。图 12.8 所示为扫描曲面，其中 1 为截面、2 为轨迹。图 12.9 所示为扫描曲面特征的对话框及轨迹菜单。

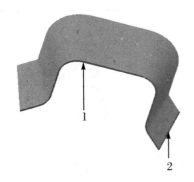

图 12.8　扫描曲面

图 12.9　扫描曲面对话框及轨迹菜单

小提示：创建扫描曲面时，如轨迹封闭，会出现菜单询问是否添加内部表面，"添加内部表面"表示扫描结束后，在截面起点和终止点扫描形成的区域分别生成曲面，形成封闭曲面模型，此时要求截面必须开放。表 12.3 中(1)所示为封闭轨迹扫描曲面，其中 1 为轨迹、2 为扫描截面、3 为添加的内部表面之一，如不添加内部表面，结果如表 12.3 中的(2)所示。

表 12.3

(1)	(2)

4. 混合曲面

　利用"插入"|"混合"|"曲面"，可将多个二维草绘对应点连接，从而生成曲面。图 12.10 所示为光滑混合曲面，其中三个矩形为三个被连接的二维草绘，1、2、3 点为一组对应点。图 12.11 所示为平行混合曲面特征的对话框及属性菜单。

　混合曲面又分成平行混合、旋转混合、一般混合：

　平行——截面都位于截面草绘中的多个平行平面上；

旋转——截面绕 Y 轴旋转,最大角度可达 $120°$,每个截面都单独草绘并用截面坐标系对齐;

一般——截面可以绕 X 轴、Y 轴和 Z 轴旋转,也可以沿这 3 个轴平移,每个截面都单独草绘,并用截面坐标系对齐。

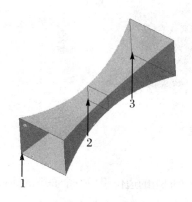 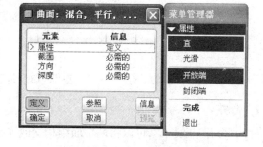

图 12.10　混合曲面　　　　　图 12.11　扫描曲面对话框及轨迹菜单

小提示:创建混合曲面时,平行混合曲面特征和一般混合曲面特征,截面方向为创建特征的方向,而不是草绘方向,如图 12.10 所示,即第二个截面在第一个截面上方。

旋转混合曲面,其截面方向为草绘方向,创建草绘时需创建坐标系作为旋转参考,旋转方向为俯视所创建的坐标系 Y 轴逆时针方向。

填充曲面:通过绘制的封闭二维边界,创建具有平面特征的平整曲面,如图 12.12 所示,1 为闭环截面,2 为填充特征。

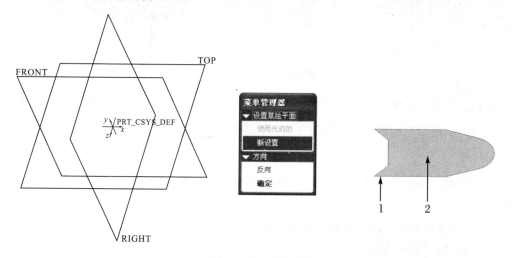

图 12.12　填充曲面

12.3.2　曲面编辑

1. 相交

使用"相交"工具 ,可以将曲面与其他曲面或基准平面相交,从而创建曲线,也可将两个草绘相交成空间曲面。如将曲面来相交,先选择一个或两个曲面来激活该工具。图 12.13

所示为曲面相交实例,1 和 2 为相交曲面,3 为曲面交线。

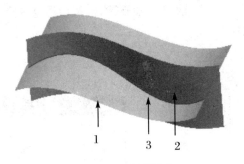

图 12.13 曲面相交

2. 合并

使用"合并"工具 ⬚,可以将两个面组相交或连接(一个面组的边位于另一个面组的曲面上),从而生成整体的新面组。删除合并的特征,原始面组仍保留。使用前,应先选一个或两个面组激活该工具。图 12.14 所示为曲面相交合并实例,1、2 为合并前曲面;3 为合并后面组。

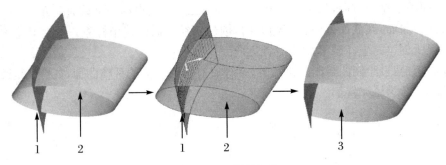

图 12.14 曲面合并

小提示:图 12.14 中细箭头为合并后保留的曲面方向,保留的曲面会以网格填充,如需改变保留方向,可以左键单击该箭头或在对话栏中单击 ⬚ 按钮。

3. 修剪

使用"修剪"工具 ⬚,可以从面组或曲线中去掉部分面组或曲线。可通过以下方式修剪面组:

· 在与其他面组或基准平面相交处进行修剪;
· 使用面组上的曲线修剪。

图 12.15 所示为曲线修剪曲面实例,1 为修剪曲线,2 为被修剪的曲面。

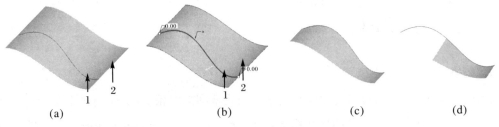

(a)   (b)   (c)   (d)

图 12.15 曲线修剪曲面

　　小提示：图 12.15 中，箭头方向为修剪后保留的曲面方向，保留的曲面会以网格填充，如需改变保留方向，可左键单击该箭头或在对话栏中单击 ╱ 按钮。图 12.15(b)中的曲线上有两个控制点显示为 0.0，代表曲线修剪范围，可以左键点击控制点拖动，或双击 0.0 修改数据，图 12.15(d)显示的是左上角控制点数据修改成−300 所得到的结果。

4. 延伸

　　使用"延伸"工具 ⊡ ，可将面组延伸到指定距离或延伸至一个平面。要激活"延伸"工具，必须先选取要延伸的面组边界，然后单击"编辑"|"延伸"。延伸方法包括：

　　(1) 沿曲面 ▣ ——沿原始曲面延伸曲面边界；

　　(2) 到平面 ▣ ——在与指定平面垂直的方向上延伸边界至该平面。

　　使用"沿曲面"创建"延伸"特征时，可选取下面某一选项确定如何完成延伸：

　　• 相同——创建与原始曲面相同类型的延伸曲面(例如，平面、圆柱、圆锥或样条曲面)。

　　• 相切——创建与原始曲面相切的直纹曲面延伸曲面。

　　• 逼近——创建原始曲面的边界边与延伸的边之间的边界混合曲面作为延伸曲面。

　　图 12.16 所示为曲面延伸实例，从左到右分别为原始曲面、将被延伸的边、相同延伸预览结果、延伸后的结果曲面。

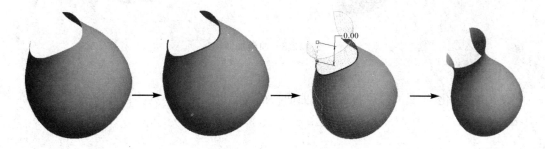

图 12.16　曲面相同延伸

5. 偏移

　　使用"偏移"工具 ⊿ ，可通过将一个曲面或一条曲线偏移恒定的距离或可变的距离来创建一个新的曲面或曲线。要激活"偏移"工具，必须先选取要偏移的曲面或曲线，然后单击"编辑"|"偏移"。偏移方法包括：

　　• 标准 ▥ ——偏移一个面组、曲面或实体面，生成新的面组、曲面。

　　• 展开 ▥ ——偏移、替换包括在草绘内部的面组或曲面区域，并在原始面组或曲面与偏移出来的面之间创建连续的曲面。

　　• 具有拔模 ▥ ——偏移、替换包括在草绘内部的面组或曲面区域，并在原始面组或曲面与偏移出来的面之间创建连续的曲面，拔模该连续曲面。

　　• 替换 ▥ ——用面组或基准平面替换实体面。

　　图 12.17 所示为曲面偏移实例，其中 1 为原始曲面，2 为偏移曲面，图 12.17(a)为标准

偏移、图 12.17(b)为展开偏移、图 12.17(c)为具有拔模的偏移(草绘均为圆形)。

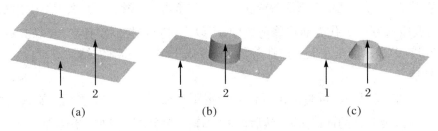

图 12.17　曲面偏移

6. 加厚

使用"加厚"工具 ，可将一个曲面或面组偏移一定的距离生成实体特征。要激活"加厚"工具，必须先选取要加厚的曲面，然后单击"编辑"|"加厚"。

图 12.18 所示为曲面加厚实例。

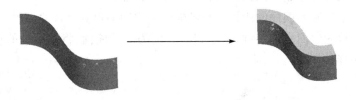

图 12.18　曲面加厚

7. 实体化

使用"实体化"工具 ，可将预定的曲面特征或面组几何转换为实体几何。

12.4　项 目 实 施

1. 绘制草绘图,填充曲面

单击"插入"|"模型基准"|"草绘"，选择"TOP"平面为草绘平面，单击"草绘"进入草绘图，绘制如图 12.19 所示的图形，单击 ☑ 完成草绘图绘制。

单击"编辑"菜单|"填充"，在特征树中选择上"一步绘制的草绘"，单击 ☑ 完成填充曲面创建，创建结果如图 12.20 所示。

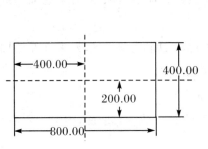

图 12.19　草绘 1

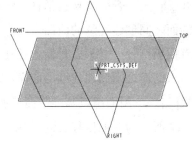

图 12.20　草绘 1 填充结果

2. 偏移、拉伸曲面

（1）模型树中选择填充1，单击"编辑"|"偏移"，在对话栏中选择"标准偏移"，在"偏移距离"中输入10，偏移方向向下，单击 ☑ 完成曲面偏移，创建如图12.21所示图形。

（2）单击"草绘"图标 ，选择偏移1曲面为草绘平面，单击"草绘"按钮进入草绘图，使用"偏移边工具" ，选择"环"，选择填充1曲面，输入偏移距离为"30"，完成草绘2，如图12.22所示。

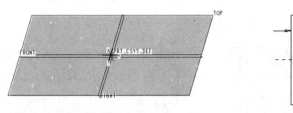

图 12.21　填充 1 偏移结果　　　　　　　图 12.22　草绘 2

（3）单击"拉伸"图标 ，在对话栏中选择创建为曲面 ，拉伸深度选择为"到选定图形" ，如图12.23所示，单击"选项"出现选项面板，侧1中选择填充1曲面为参照曲面，如图12.24所示，单击 ☑ 完成拉伸1曲面的创建，结果如图12.25所示。

图 12.23　拉伸曲面对话栏

图 12.24　选项对话栏　　　　　　　图 12.25　拉伸曲面创建结果

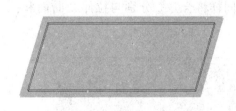

3. 拉伸封闭端曲面

（1）单击"拉伸"图标 ，对话栏中选择创建为曲面 拉伸深度输入为"250"，单击"放置"出现放置上滑面板，单击"定义"，选择偏移1曲面为草绘平面，草绘方向指向填充1曲面，单击"草绘"进入草绘图，绘制如图12.26的图形，单击 ☑ 完成草绘，单击"选项"出现选项上滑面板，点选"封闭端"，单击 ☑ 完成封闭端拉伸2曲面的创建，如图12.27所示。

（2）用同样的方法绘制如图12.28所示草绘，完成图12.29所示封闭端拉伸3曲面的创建，拉伸深度为180。

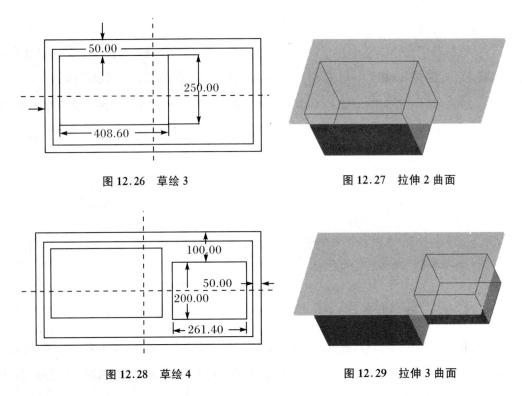

图 12.26　草绘 3

图 12.27　拉伸 2 曲面

图 12.28　草绘 4

图 12.29　拉伸 3 曲面

4. 曲面合并

（1）按下 Ctrl 键，左键单击填充 1 曲面、拉伸 1 曲面，如图 12.30（a）所示，单击"编辑"菜单，"合并"，改变方向指向保留方向，单击 ☑ 完成曲面合并 1。按下 Ctrl 键，左键单击合并 1 的曲面、偏移 1 曲面，单击"编辑"菜单，"合并"，改变方向指向保留方向，单击 ☑ 完成曲面合并 2。

（2）同样将合并 2 分别与拉伸 2 曲面和拉伸 3 曲面合并，合并结果如图 12.30（b）所示。

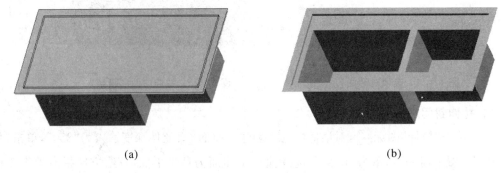

（a）

（b）

图 12.30　曲面合并

5. 扫描曲面、延伸、合并曲面

（1）单击"插入"｜"扫描"｜"曲面"选取轨迹，用"依次"的方法选择如图 12.31（a）所示的边，"完成"｜"确定"｜"开放端"｜"完成"，绘制如图12.31（b）图所示的一条直线为扫描截面，

单击 ☑ 完成草绘,单击确定完成扫描曲面的创建,结果如图 12.32 所示。

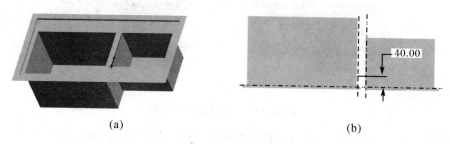

(a)　　　　　　　　　　　　　　　　(b)

图 12.31　扫描曲面轨迹、截面

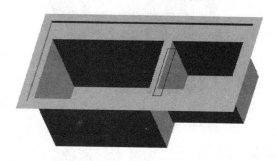

图 12.32　扫描曲面

(2) 单击扫描曲面,再单击图 12.33 左图中的扫描曲面的边,单击"编辑"菜单,点击"延伸",在对话栏中选择到平面 📖 ,单击"参照","参照平面"中选择偏移 1 曲面,如图 12.34 所示,单击 ☑ 完成延伸,结果如图 12.35(a)所示,用同样方法完成图 12.35(b)所示延伸曲面。

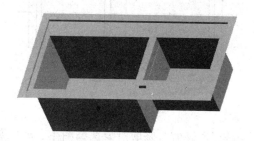

图 12.33　延伸曲面的边

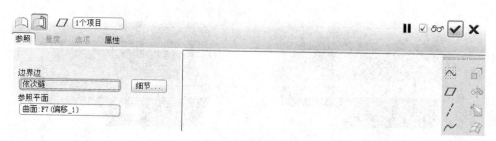

图 12.34　扫描曲面延伸选项

(a)　　　　　　　　　　　　　　　　(b)

图 12.35　扫描曲面延伸结果

（3）合并上一次合并结果曲面和扫描曲面，得到如图 12.36 所示的结果。

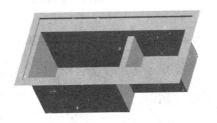

图 12.36　合并扫描曲面后结果

6. 修剪、倒圆角、加厚

（1）单击"草绘"图标 ，选择偏移 1 曲面为草绘平面，单击"草绘"按钮进入草绘图，绘制如图 12.37 所示的两个圆，单击 ☑ 完成草绘 5。

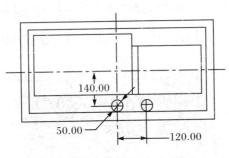

图 12.37　草绘 5

（2）选择面组，单击"编辑"|"修剪"，修剪对象选择图 12.38 中圆 1，方向指向圆 1 外侧，单击 ☑ 完成修剪，结果如图 12.38（b）所示。

(a)　　　　　　　　　　　　　　　　(b)

图 12.38　使用草绘 5 修剪曲面

（3）用同样的方法创建创建圆 2 处的圆孔。

（4）单击"拉伸"图标 ，在对话栏中选择创建为曲面 ，拉伸深度选择为"到下一个" ，单击"移除材料" ，修剪面组中选择"合并"、"修剪后的面组"，单击"放置"出现放置上滑面板，单击"定义"，如图 12.39 所示，选择图 12.38(a)3 面为草绘平面，草绘方向指向填充 1 曲面，单击"草绘"进入草绘图，绘制如图 12.40 所示的两个圆，单击 ✓ 完成草绘，确定拉伸方向指向填充 1 面、去除材料方向指向圆形内部，单击 ✓ 完成曲面拉伸修剪的创建。

图 12.39 拉伸曲面面板

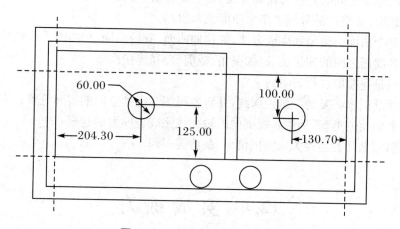

图 12.40 修剪曲面的拉伸截面

（5）单击"倒圆角"图标 ，按下 Ctrl 键选择所有倒圆角半径为 10 的边，单击 ✓ 完成倒圆角。用同样方法进行半径为 2 的倒圆角。

（6）单击"插入"|"高级"|"顶角倒圆角"，选取求交曲面为"合并"，"修剪后曲面"，按下 Ctrl 选择图 12.41 所示 4 个定点，点击"确定"，输入半径为"20"，单击 ✓，单击确定完成创建。

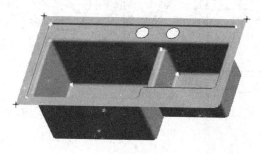

图 12.41 倒圆角

（7）选择最后的面组，单击"加厚" ⊏ ，输入厚度为"2"，确定厚度方向，单击 ☑ 完成整个模型创建。

12.5　知 识 拓 展

1. 曲面建模的 3 种类型
① 原创设计：根据手绘草图建立模型；
② 图纸建模：根据二维图纸建立模型；
③ 逆向工程：根据测绘点建立模型。
本书介绍的是图纸建模的一般步骤。

2. 图纸建模的两个阶段
第一阶段确定正确的建模思路和方法，即模型分析。包括：
- 正确识图，并将产品分解成单个曲面或面组；
- 确定每个曲面的类型和生成方法，如拉伸曲面、旋转曲面、扫描曲面或拔模曲面等；
- 确定各曲面之间的连接关系（如倒角、裁剪等）和连接次序。
第二阶段是建模的过程，包括：
- 根据图纸画出必要的二维轮廓线，并将各视图变换到空间的实际位置；
- 针对各曲面的类型，利用各视图中的轮廓线完成各曲面的建模；
- 根据曲面之间的连接关系完成倒角、裁剪等工作。

12.6　实 战 练 习

（1）按照图 12.42 所示尺寸完成零件建模。

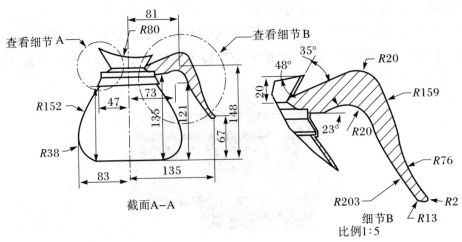

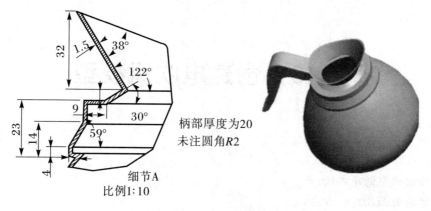

柄部厚度为20
未注圆角R2

细节A
比例1∶10

图 12.42　咖啡壶

（2）按图 12.43、图 12.44 所示完成零件建模（尺寸自定义）。

图 12.43　旋钮 1

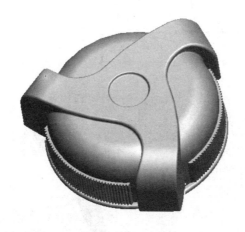

图 12.44　旋钮 2

项目 13 创建电吹风模型

知识目标:
 ① 掌握曲面模型创建方法;
 ② 掌握复杂曲面的建模方法。

能力目标:
 ① 学会用扫描混合、变剖面扫描、边界混合的方法创建高级曲面;
 ② 能够理解曲面相交、合并、修剪、延伸、偏移、加厚、实体化等编辑方法;
 ③ 学会使用造型工具创建曲面。

13.1 项 目 导 入

  要生产如图 13.1 所示电吹风,要求根据图示尺寸建立三维模型。

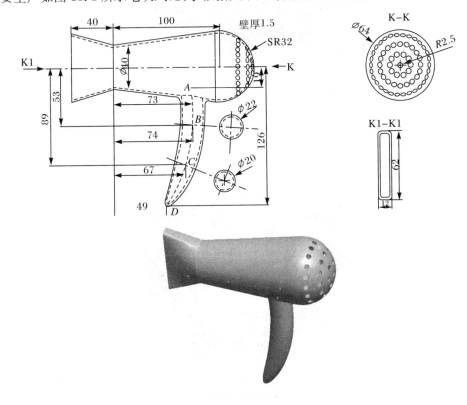

图 13.1 电吹风

13.2 项目分析

根据图 13.1 可知,该产品为薄壁件,可以采用实体抽壳和曲面加厚的两种方法,本节仍采用曲面加厚的方法。曲面中既有规则的曲面,又有不规则曲面,不规则曲面的创建方法主要有边界混合、可变剖面扫描、扫描混合、造型等方法,具体根据曲面的特点选择。具体建模过程见表 13.1。

表 13.1 电吹风的建模过程

关键步骤	图　　示
(1) 旋转	
(2) 边界混合	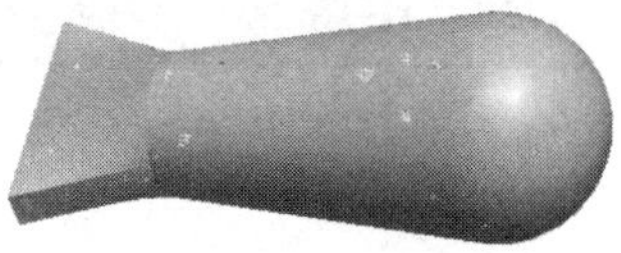
(3) 扫描混合	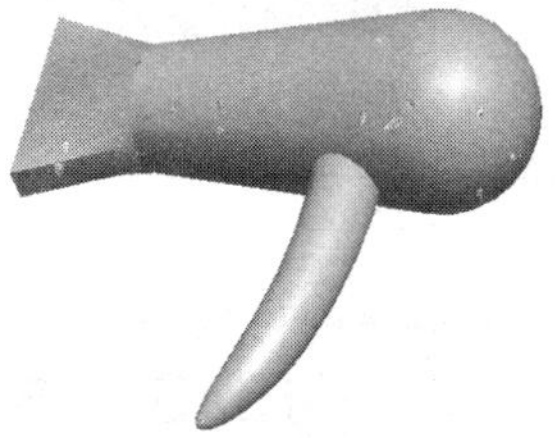
(4) 曲面合并	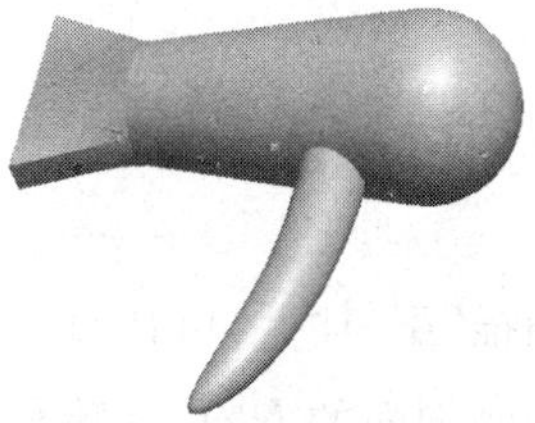

关键步骤	图　示
（5）曲面加厚	
（6）拉伸去除材料、阵列	
（7）拉伸去除材料	
（8）倒圆角	

13.3　相 关 知 识

13.3.1　变剖面扫描

　　利用"可变剖面扫描"工具，可在沿一个或多个选定轨迹扫描时，通过控制剖面的方向、旋转和形状来创建特征或去除材料。创建的特征又分为变化截面和恒定截面两种类型。图 13.2 所示为变剖面扫描曲面，其特点是在特定方向上的剖面相似但大小不等。

图 13.2　变剖面扫描曲面

图 13.3 所示为变剖面扫描曲面特征的对话栏,图 13.4 所示为变剖面扫描曲面特征的上滑面板,其中各图标作用如下。

图 13.3　可变剖面扫描对话栏

① 图标 ![icon] 代表扫描为曲面。

② 轨迹收集器——显示作为原点轨迹的曲线,并允许指定轨迹类型,被选定轨迹在图形窗口中以红色加亮。可使用 Ctrl 键选取多个轨迹。

· 原点轨迹——截面扫描路线;

· 法向轨迹,即图 13.4(a)轨迹收集器中的"N"——扫描时截面 Z 轴的方向与该轨迹对应处切线平行。

· X 轨迹,即图 13.4(a)轨迹收集器中的"X"——控制截面的 X 方向变化,图 13.5 中显示了一个空间曲线作为辅助轨迹和 X 轨迹导致的特征区别;

· 相切轨迹,即图 13.4(a)轨迹收集器中的"T"——控制与相邻曲面相切。

③ 细节——打开"链"(Chain)对话框以修改链的长度和范围。

④ 剖面控制——确定如何定向剖面。

· 垂直于轨迹——截面总是垂直于指定的轨迹图 13.6(a)。

· 垂直于投影——截面的 Y 轴平行于指定方向,且 Z 轴沿指定方向与原点轨迹的投影相切,如图 13.6(b)所示。可利用方向参照收集器添加或删除参照;

恒定法向——截面平行于指定的参照图 13.6(c),可利用方向参照收集器添加或删除参照。

⑤ 水平/垂直控制——确定如何沿可变剖面扫描,控制绕草绘平面法向的框架旋转。

自动——截面由 XY 方向自动定向。Pro/E 5.0 可计算 X 向量的方向,最大限度地降低扫描几何的扭曲。对于没有参照任何曲面的原点轨迹,"自动"为缺省选项。

⑥ 起点的 X 方向参照——选取一个参照来定义初始剖面的 X 轴方向。

⑦ 封闭端——判断曲面在扫描后,是否在起止截面处生成封闭端曲面。

⑧ 相切——用于相切轨迹选取及控制曲面。

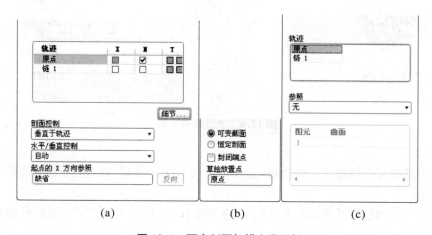

(a)　　　　　　　　(b)　　　　　　　　(c)

图 13.4　可变剖面扫描上滑面板

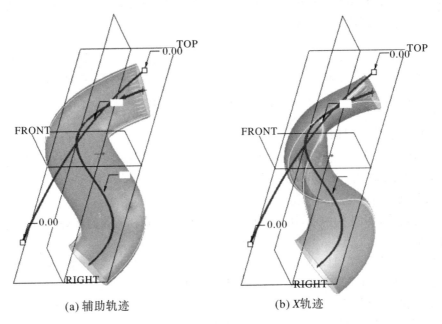

(a) 辅助轨迹　　　　　　　　　(b) *X* 轨迹

图 13.5　*X* 轨迹

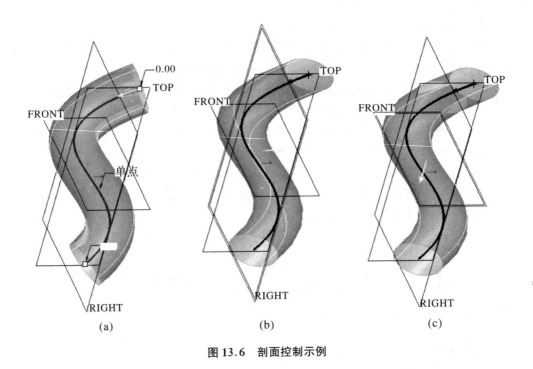

(a)　　　　　　　　　(b)　　　　　　　　　(c)

图 13.6　剖面控制示例

小提示：

　　• 一般选择原点轨迹为法向轨迹，这样可以避免法向轨迹与原点轨迹的扫描方向冲突而产生失败。

　　• 对于"原点轨迹"外的所有其他轨迹，在不选择中"T"、"N"或"X"复选框的缺省情况下都是辅助轨迹。

　　• 在轨迹收集器中选择轨迹，单击右键，选取"移除"，可以移除用于创建可变截面扫描的轨迹。此选项可用于"原点轨迹"外的所有轨迹,不能替换或移除存在相切参照的轨迹。另外,要移除选定作为"X 轨迹"或"法向轨迹"的轨迹,应先清除其复选框属性,然后移除轨迹。

· 不能移除"原点轨迹",但可以替换"原点轨迹"。

· "X 轨迹"只能有一个。

· "法向轨迹"只能有一个。

· 同一轨迹可同时为"法向"和"X 轨迹"。

· 任何具有相邻曲面的轨迹都可以是"相切"轨迹。

· 图 13.5(b)、(c)两图结果相同的原因是图 13.5(b)选取的参照为 RIGHT 面,图 13.5(c)选取的参照为 FRONT 面。

13.3.2 扫描混合

利用"扫描混合"工具 ,可在原点轨迹不同位置处创建二维截面,通过沿轨迹连接各截面创建特征和去除材料。图 13.7 所示为扫描混合曲面,其特点是在轨迹方向上,不同位置截面可以完全不相似,如图 13.7(b)所示。但每个截面的点与其他截面的点一一对应并相连。

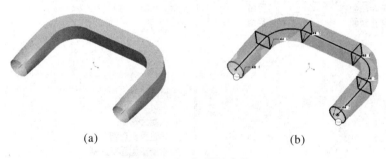

(a)   (b)

图 13.7　扫描混合曲面

图 13.8 所示为扫描混合曲面特征的对话栏,图 13.9 所示为扫描混合曲面特征的上滑面板,其中:

· 图标 代表创建特征为曲面。

· 轨迹收集器类似于可变剖面扫描,但最多只能选取两条轨迹,并且每次只有一个轨迹是活动的。

图 13.8　扫描混合曲面对话框

· "草绘截面"指新建二维草绘,"所选截面"指选择已有截面。

· 截面面板中"♯"字段代表该截面中包含的图元个数。

· "封闭端"表示曲面在旋转后,是否在起止截面处生成封闭端曲面。

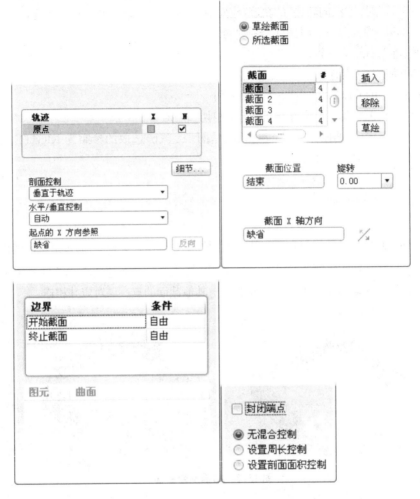

图 13.9　扫描混合曲面上滑面板

　　·"设置周长控制"指,通过控制截面之间的周长,控制该特征的形状。如果两个连续截面周长相同,那么系统试图对这些截面保持相同的横截面周长。对于有不同周长的截面,系统用沿该轨迹的每个曲线的线性插值,来定义其截面间特征的周长。剖面面积控制与周长控制相同。

　　小提示:创建扫描混合曲面时,截面要求满足以下条件。

　　·对于闭合轨迹轮廓,在起始点和其他位置至少各有一个截面。

　　·轨迹的链起点和终点处的截面参照是动态的,并且在修剪轨迹时会更新。

　　·截面位置可以参照模型几何(例如,一条曲线),但修改轨迹会使参照无效。在此情况下,扫描混合特征会失败。

　　·所有截面必须包含相同的图元数。

　　·扫描混合可以具有两种轨迹:原点轨迹(必需)和第二轨迹(可选,必须比原点轨迹长)。每个"扫描混合"特征至少有两个剖面,且可在这两个剖面间添加剖面。要定义扫描混合的轨迹,可选取一条草绘曲线、基准曲线或边的链。每次只有一个轨迹是活动的。

13.3.3 边界混合

使用"边界混合 📝"工具,可利用一个或两个方向上的图元创建曲面特征。将在每个方向上选定的第一个和最后一个图元定义为曲面的边界。图 13.10 所示为边界混合曲面,其中 a 为第一方向图元、b 为第二方向图元,中间部分为经过两个方向五条曲线的边界混合曲面,白色圆圈为边界条件控制。

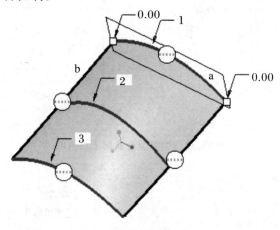

图 13.10 边界混合曲面

图 13.11 所示为边界混合特征的对话栏,图 13.12 所示为扫描混合特征的上滑面板,其中:

①"曲线"用于选取创建混合曲面的第一方向和第二方向曲线,并控制选取顺序。选中"闭合混合"复选框,曲面将最后一条曲线与第一条曲线连接形成封闭环曲面,"细节"可打开"链"对话框,以修改链的起始位置。

②"约束"用于控制曲面在边界处与其他已存在特征之间的关系,包括"自由"、"相切"、"曲率"和"法向"。

· 显示拖动控制滑块——显示控制边界拉伸系数的拖动控制滑块。

· 添加侧曲线影响——启用侧曲线影响。用于单方向图元创建混合曲面,指定与某参照侧边的边界条件。

· 添加内部边相切——设置与混合曲面相切内部边。只适用于具有多段边界的曲面。

③"控制点"用于通过在输入曲线上指定位置来添加混合对应点,以控制混合曲面的形状。

④"影响曲线"用于使用边界曲线或边以及附加曲线,并控制曲面与该曲线接近偏差量来控制曲面形状。

· 平滑度——控制曲面的粗糙度。

· 控制用于形成结果曲面的沿第一方向(U)和第二方向(V)的曲面片数。

图 13.11 边界混合曲面对话栏

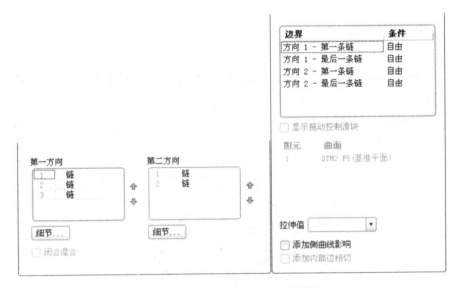

图 13.12　边界混合曲面上滑面板

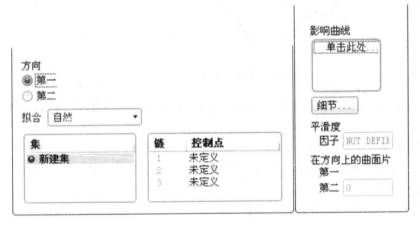

图 13.12　边界混合曲面上滑面板(续)

小提示：

· 曲线、零件边、基准点、曲线或边的端点可作为参照图元使用。

· 如果要使用连续边或一条以上的基准曲线作为边界,可按住 Shift 键来选取曲线链。

· 当指定曲线或边来定义混合曲面时,系统会记住参照图元选取的顺序,并给每条链分配一个号码。在每个方向上,必须按连续的顺序选择参照图元。不过可通过在曲线面板中单击曲线集并将其拖动到所需位置来调整顺序。

· 对于在两个方向上定义的混合曲面来说,其外部边界必须形成一个封闭的环。也就是说外部边界必须相交。若边界不终止于相交点,将自动修剪这些边界。

· 为混合而选的曲线不必包含相同的图元数。

13.4　项 目 实 施

1. 绘制草绘图,创建旋转曲面

（1）单击"插入"|"旋转"|"放置"|"定义内部草绘",选择"TOP"平面为草绘平面,单击"草绘"进入草绘图,绘制如图 13.13 所示的图形,单击 ☑ 完成草绘图绘制。

（2）单击"编辑"|"填充",在特征树中选择"上一步绘制的草绘",单击 ☑ 完成填充曲面创建,创建结果如图 13.14 所示。

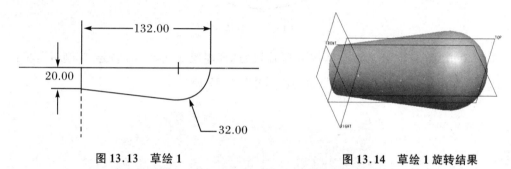

图 13.13　草绘 1　　　　　　　　　图 13.14　草绘 1 旋转结果

2. 边界混合曲面

（1）单击"插入"|"模型基准"|"平面",点击 RIGHT 平面,输入距离为"40",点击"确定"完成平面 DTM1 的创建。

（2）单击"草绘",点击 DTM1 平面,点击"草绘"进入草绘图,绘制如图 13.15 所示图形,单击 ☑ 完成草绘图绘制。

（3）用同样的方法在 RIGHT 面上绘制如图 13.16 所示图形(4 个断点的圆)。

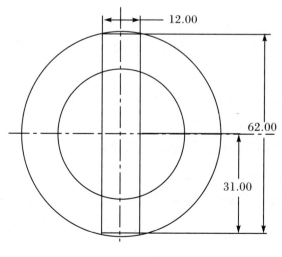

图 13.15　草绘 2

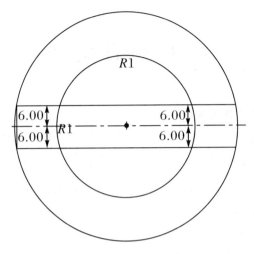

图 13.16　草绘 3

(4) 单击"插入"|"边界混合",按下 Ctrl 键,选择草绘 2、草绘 3,单击"控制点",依次选择对应点,单击 ☑ 完成边界混合曲面创建,如图 13.17 所示。

图 13.17　边界混合结果

3. 扫描混合曲面

(1) 单击"草绘",选择"TOP"平面,点击"草绘",绘制如图 13.18 所示图形,单击 ☑ 完成草绘。

(2) 单击"插入"|"扫描混合",选择草绘 4 所绘制曲线,点击"截面"面板,点击 4 次"插入",选择"截面 1",点击(73,19)点,点击"草绘",绘制如图 13.19 图形中直径为 24 的圆,单击 ☑ 完成草绘。

选择"截面 2",点击(74,53)点,点击"草绘",绘制如图 13.20 所示图形中直径为 22 的圆,单击 ☑ 完成草绘。

选择"截面 3",点击(67,89)点,点击"草绘",绘制如图 13.21 所示图形中直径为 20 的圆,单击 ☑ 完成草绘。

选择"截面 4",点击(49,126)点,点击"草绘",绘制如图 13.22 所示图形中一个点,单击 ☑ 完成草绘。

选择相切上滑面板,修改开始截面条件为"平滑",单击 ☑ 完成扫描混合曲面创建,如图 13.23 所示。

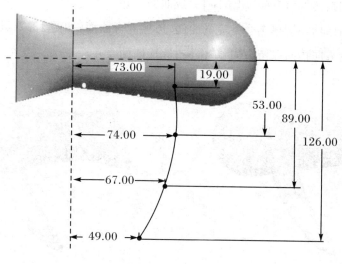

图 13.18　草绘 4

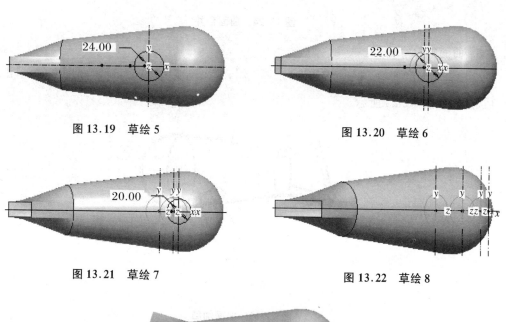

图 13.19　草绘 5

图 13.20　草绘 6

图 13.21　草绘 7

图 13.22　草绘 8

图 13.23　扫描混合曲面

4. 曲面合并

（1）按下 Ctrl 键，左键单击扫描混合曲面、旋转曲面，如图 13.24（a）所示，单击"编辑"|"合并"，改变方向指向保留方向，单击 ☑ 完成曲面合并。

（2）按下 Ctrl 键，左键单击合并完的曲面、边界混合曲面，如图 13.24（b）所示，单击"编辑"|"合并"，改变方向指向保留方向，单击 ☑ 完成曲面合并。

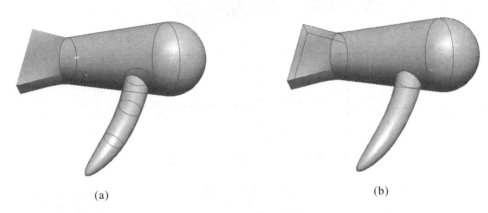

(a)　　　　　　　　　　　　　　　(b)

图 13.24　曲面合并

5. 曲面加厚

选择合并后的面组，单击"编辑"|"加厚" ▭ ，输入厚度为"1.5"，确定厚度方向，单击 ☑ 完成加厚，如图 13.25 所示。

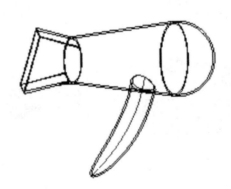

图 13.25　曲面加厚

6. 拉伸去除材料、阵列

（1）单击"插入"|"模型基准"|"基准面"，选择 RIGHT 面，输入偏移距离"100"，完成 DTM 2 面的创建，如图 13.26 所示。

（2）单击"拉伸"图标 ▱ ，点击"放置"|"定义内部草绘"，选择 DTM2 面为草绘平面，点击"草绘"进入草绘图，绘制如图 13.27 所示的直径为 5 的圆，单击 ☑ 完成草绘，深度选项选择为"穿透"，方向为图 13.26 的右侧，点击"去除材料"，点击 ☑ 完成。点击"阵列"图标 ▦ ，阵列方式为"填充"，排列方式为"同心圆"，周向间距为"5"，距离边界为"2"，旋转角度为"0"，

径向间距为"8",如图 13.28 所示,点击"参照"面板|"定义内部草绘",绘制直径为 64 的圆,如图 13.29 所示,点击 ☑ 完成,阵列结果如图 13.30 所示。

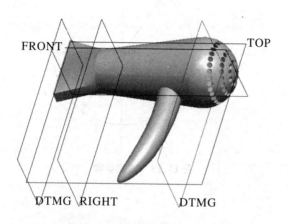

图 13.26　基准平面 DTM1

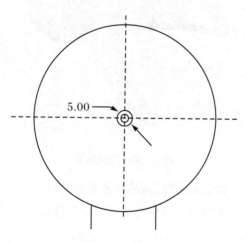

图 13.27　草绘 9

图 13.28　阵列参数

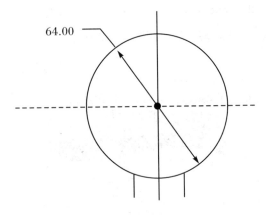

图 13.29　阵列参照

图 13.30　阵列结果

7. 拉伸去除材料(去除曲面加厚时,前端部多余的材料)

单击"拉伸"图标![拉伸图标],点击"放置"|"定义内部草绘",选择"TOP"面为草绘平面,点击"草绘"进入草绘图,绘制如图 13.31 所示的直线,单击![完成图标]完成草绘,深度选项选择为"穿透",方向为对称拉伸,点击"去除材料",方向为图 13.31 的左侧,点击![完成图标]完成。

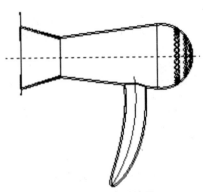

图 13.31　阵列结果

8. 倒圆角

进行倒圆角处理。

13.5　项 目 拓 展

（1）在创建曲面模型过程中，为了保证模型的连续性，各部分曲面可以存在一定相交，以保证后期编辑曲面时曲面的原始形状不会改变；

（2）曲面与曲面之间存在形状约束时，所创建的曲面边界也必须满足该约束才能保证曲面创建后能满足该约束。

13.6　实 战 练 习

根据图 13.32、图 13.33、图 13.34、图 13.35 的要求绘制模型

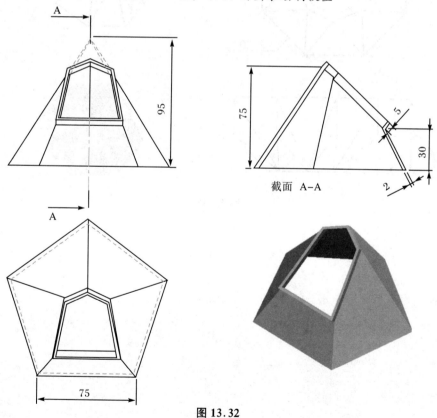

图 13.32

图 13.33　旋钮

图 13.34

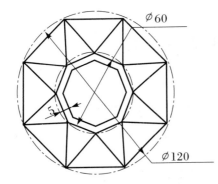

图 13.35

第③篇

Pro/E 5.0 复杂产品造型

项目 14　创建电水壶模型

知识目标:

① 了解曲面连接的概念;

② 掌握曲面模型创建的方法。

能力目标:

① 能正确判断曲面连接的质量与等级;

② 能正确应用造型工具进行自由曲面建模。

14.1　项目导入

根据图 14.1 给定的尺寸,创建电水壶三维模型。

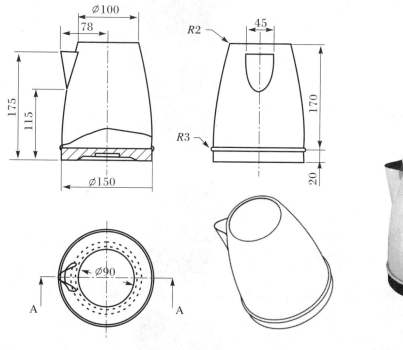

图 14.1　电水壶

14.2　项目分析

根据图 14.1 可知,该产品主要分成 3 个部分:壶底、壶身、壶嘴。壶底为省略内部结构的简图,为实体,具有回转特性,可采用旋转创建;壶身为薄壁特征,具有回转特性,可采用旋转创建;壶嘴为复杂曲面可采用造型工具创建。具体建模过程见表 14.1。

表 14.1　电水壶的建模过程

关键步骤	图示
(1) 旋转实体	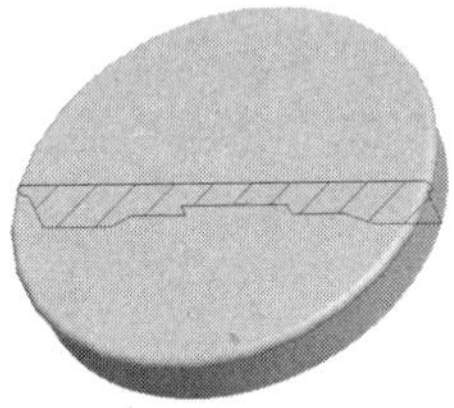
(2) 旋转加厚	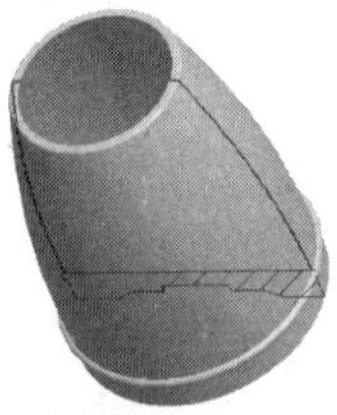
(3) 造型曲面	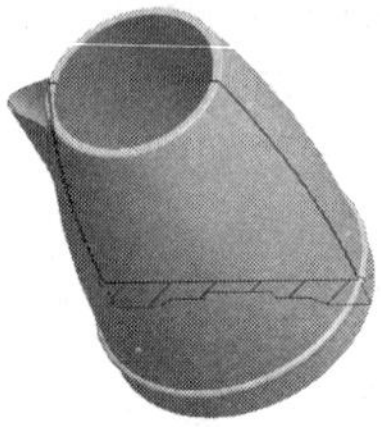
(4) 曲面加厚	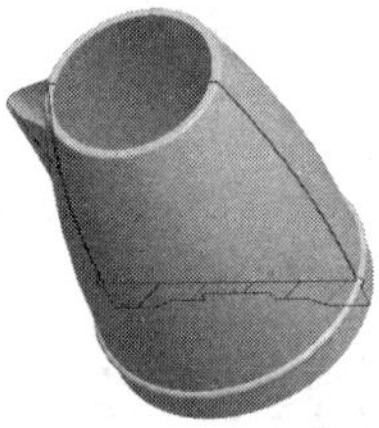
(5) 创建孔、阵列	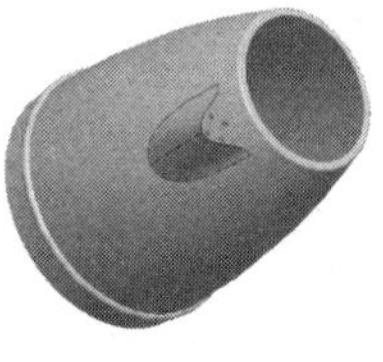

14.3 相关知识

14.3.1 基准点

在几何建模时可将基准点 ⊠ 为作构造元素或用作进行计算和模型分析的已知点,基准点分为以下 4 种类型。

① 一般点:在图元上、图元相交处或自某一图元偏移处创建基准点,可将一般基准点放置在下列位置:

- 曲线、边或轴上。
- 圆形或椭圆形图元的中心。
- 在曲面或面组上或自曲面或面组偏移。
- 顶点上或自顶点偏移。
- 自现有基准点偏移。
- 图元相交位置。例如,可将点放置在三个平面相交的位置,或放手曲线和曲面的相交处,或放手两条曲线的相交处。

② 草绘点:在"草绘器"中创建基准点。

③ 自坐标系偏移:通过自选定坐标系偏移创建基准点。

④ 域点:在"行为建模"中用于分析的点,一个域点标志一个几何域。

创建基准点的步骤:点击工具栏中 ⊠ 图标或点击菜单栏中"插入"菜单|"模型基准"|"基准点"。

14.3.2 孔

利用"孔 ⬚"工具可向模型中添加简单孔、定制孔和标准孔。

1. 简单孔

- 预定义矩形轮廓:预定义的光、直孔;
- 标准孔轮廓:任意直径大小的钻孔轮廓。可指定埋头结构、扩孔和刀尖角度;
- 草绘:使用"草绘器"中创建的轮廓创建孔,类似于旋转去除材料,不同处在于不需要预定义旋转平面。

2. 定制孔

略。

3. 标准孔

- 螺纹孔 ∪:创建 ISO/UNC 标准的螺纹孔。
- 锥形孔 ⅄:创建倒锥形孔。
- 间隙孔 ⊐⊏:创建螺纹连接用光孔。

·钻孔 U :创建不带螺纹,标准大小的钻孔。

创建孔工具步骤:创建孔,选择孔所在的面、轴或点,定位,输入参数,完成。

14.3.3 造型工具

点击菜单栏中"插入"|"造型",或点击工具栏中图标 ⌂ 进入造型工具,出现造型工具栏,如图 14.2 所示。

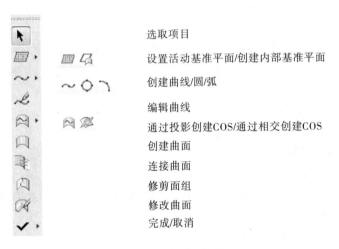

选取项目

设置活动基准平面/创建内部基准平面

创建曲线/圆/弧

编辑曲线

通过投影创建COS/通过相交创建COS

创建曲面

连接曲面

修剪面组

修改曲面

完成/取消

图 14.2 造型工具栏

1. 创建曲线

可控制端点切线方向的曲线,对话栏如图 14.3 所示,其中 ∼ 为空间自由曲线,⊿ 为平面曲线,⌂ 为曲面上曲线,创建曲线时按下 Shift 键可以捕捉曲线、边、曲面等。

图 14.4 所示为用此方法创建的自由曲线,其中:

·空间中的自由点以实心点"·"显示。

·参照曲线、实体或曲面边或者基准轴的软点以空心圆"○"显示。

·参照曲面、小平面数据或实体面的软点以空心正方形"□"显示。

·固定点受到完全约束,以"×"显示。

图 14.3 曲线对话栏

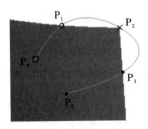

图 14.4 空间自由曲线

2. 编辑曲线

通过单击来选取曲线。拖动点或切线（单击切线的端点，按 Shift 可进行捕捉，按 Alt 键可垂直于工作平面拖动，按 Ctrl＋Alt 可沿工作平面在竖直或水平方向拖动，按 Shift＋Alt 可进行延伸）。鼠标右键单击点、切线或曲线可调出弹出式菜单。通过点击编辑曲线图标或双击曲线，实现进入曲线编辑状态。

· 鼠标左键点击端点，出现切线，鼠标右键点击切线出现如图 14.5 所示菜单，可以修改切线方向和与已存在图形的位置关系。

· 右键点击软点，出现如图 14.6 所示菜单。

3. 放样曲面

通过指定的 U、V 两方向的曲线创建曲面，如图 14.7 所示。

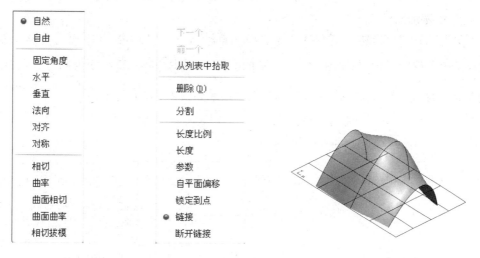

图 14.5　切线右键菜单　　　　图 14.6　软点右键菜单　　　　图 14.7　放样曲面

14.4　项 目 实 施

1. 旋转实体

单击"插入"|"旋转"|"放置"|"定义内部草绘"，选择"FRONT"平面为草绘平面，单击"草绘"进入草绘图，绘制如图 14.8 所示的图形，单击 ☑ 完成草绘图绘制，单击 ☑ 完成旋转实体，创建结果如图 14.9 所示。

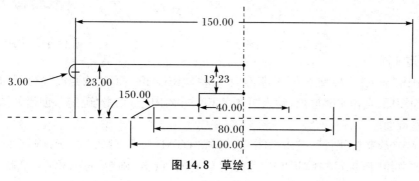

图 14.8　草绘 1

图 14.9　旋转实体

2. 旋转加厚

单击"插入"|"旋转"|"放置"|"定义内部草绘",选择"FRONT"平面为草绘平面,单击"草绘"进入草绘图,绘制如图 14.10 所示的图形,单击 ☑ 完成草绘图绘制,点击加厚草绘,输入厚度为"1",单击 ☑ 完成旋转实体,创建结果如图 14.11 所示。

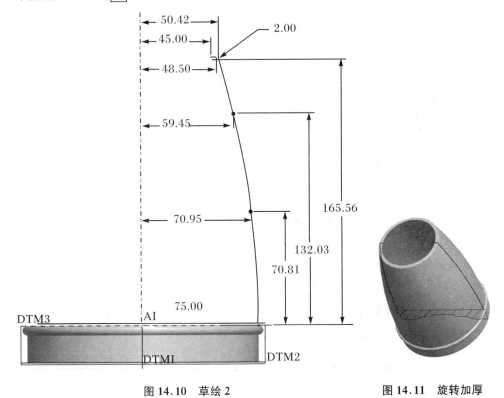

图 14.10　草绘 2　　　　　　　　图 14.11　旋转加厚

3. 造型曲面

(1) 单击"插入"|"模型基准"|"基准面",选择"RIGHT"面,输入距离"78",点击"确定",点击基准面图标,点击水壶底面,输入距离"175",方向向上,点击"确定",创建如图 14.12 所示的两个基准面。

(2) 点击"基准点"图标,按下 Ctrl 键,选择"DTM1"、"DTM2"、"FRONT"面,点击"确定"。点击"草绘"图标,选择"FRONT"面为草绘面,点击"确定"进入草绘,绘制经过上点

PNT0 的直线,直线另一边在壶体面上,如图 14.13 所示。

（3）单击"造型"图标 🔲,设置活动平面,选择"DTM2",点击"曲线"图表 ～ 按下 Shift 键选择上一步绘制的曲线、选择壶体面,点击 ✅ 完成曲线创建,如图 14.14 所示。

（4）双击图 14.14 中新建的曲线;点选曲线左端点,右键点选该点切线,点击"法向",选择"FRONT"面,鼠标左键点选右端点,鼠标右键点选该点法线,点击"曲面相切",点击 ✅ 退出曲线编辑,结果如图 14.15 所示。

（5）点击"曲线"图标 ～,选择"创建曲面上的曲线",点击"参照",按下 Shift 键,分别选择前面两条曲线的端点,点击 ✅ 完成曲线创建,如图 14.16 所示。

（6）双击图 14.16 中新建的曲线,点选曲线下端点,鼠标右键点选该点切线,点击"法向",选择"FRONT"面,鼠标左键点选上端点,鼠标右键点选该点切线,点击"法向",选择"DTM1"面,点击 ✅ 退出曲线编辑,结果如图 14.17 所示。

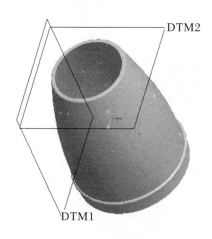

图 14.12　基准面的创建

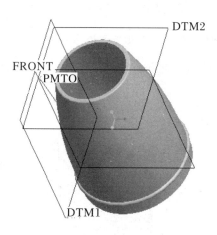

图 14.13　创建基准点及直线

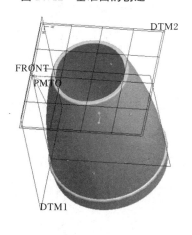

图 14.14　平面曲线

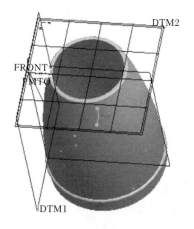

图 14.15　编辑结果

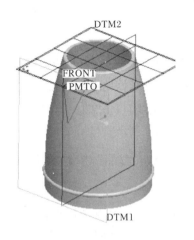

图 14.16　曲面上曲线

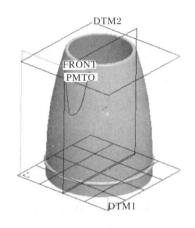

图 14.17　编辑结果

（7）点击"曲面"□"参照"，按下 Ctrl 键，选择图 14.18 中曲线 1、2、3，点选"横切"收集器，选择曲线 3，点击 ☑ 完成曲面创建。

（8）选择曲面，点击"镜像"，点选"FRONT"面，点击 ☑ 完成曲面镜像，结果如图 14.19 所示。

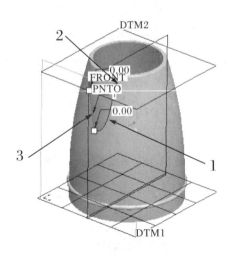

图 14.18　造型曲面

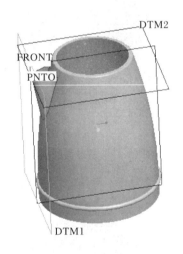

图 14.19　曲面镜像结果

4. 曲面加厚

（1）按下 Ctrl 键，点选两曲面，点击"曲面合并"图标 □，单击 ☑ 完成曲面合并。

（2）选择合并后的曲面，点击"加厚"图标 □，输入厚度为"1"，单击 ☑ 完成曲面加厚。

5. 创建孔、阵列

（1）单击"插入"|"模型基准"|"基准点"，点选图 14.20 所示曲面，点选偏移参照收集器，按下 Ctrl 键，点选"DTM2"、"FRONT"面，输入偏距"3、0"，如图14.21 所示，点击"确定"，完成基准点创建。

（2）单击"插入"|"孔"，点击上一步创建的点，输入第一侧深度 20，第二侧深度"6"，直径输入"4"，点击 ☑ 完成孔的创建。

（3）选择"孔"，点击"阵列"图标 ⊞，选择阵列方式为"填充"，点击"参照"，定义内部草绘，绘制如图14.22所示图形，点击 ☑ 完成草绘。输入两成员之间的距离为"10"，距离边界"4"，旋转角度"0"，如图 14.23 所示，点掉不需要的孔，点击 ☑ 完成模型创建，结果如图 14.24所示。

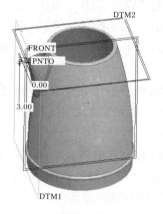

图 14.20　曲面镜像结果

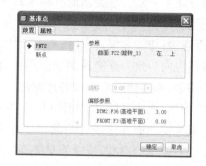

图 14.21　基准点对话框

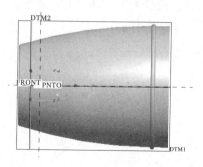

图 14.22　阵列参照

图 14.23　阵列参数

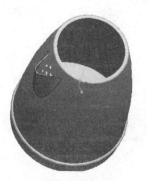

图 14.24　最终模型

14.5　项目拓展——曲面连续性

　　曲面建模时,曲面之间连接处过渡的光滑程度直接影响模型表面的光顺度、流畅度,从而影响曲面的美观和可加工性。为了表征曲面连接的光滑程度,给出了以下几个概念。

　　·G0 连接:位置连续,例如图 14.25 中的第 2 组曲面,曲面间边重合,但重合边处两曲面的切线方向不一致。这类曲面看起来有一个很尖锐的接缝,属于连续曲面中级别最低的,一般要避免。

　　·G1 连接:切线连续,例如图 14.25 中第 3 组曲面,曲面不仅有边重合,而且重合边处两曲面切线方向一致。这类曲面表面不会有尖锐的接缝,但由于曲面连接处曲率突变,所以视觉效果一般,通用倒圆角生成的过渡面属于这类连接。

　　·G2 连接:曲率连续,例如图 14.25 中第 3 组曲面,曲面不但符合 G1 连接,并且在 G1 的基础上两连接曲面在接线处的曲率也相同,由图可知,两个连接处的曲率连续值均为 0。这类曲面没有曲率的突变,视觉效果光滑流畅,是制作光滑曲面的最低要求。

　　·G3 连接:曲率变化率连续,例如图 14.25 中第 5 组曲面,曲面不但符合 G2 连接,并且在 G2 的基础上保证两连接曲面在接线处的曲率变化率也相同。这类曲面曲率变化连续,使得曲面更加平滑,常用于汽车车身设计中。

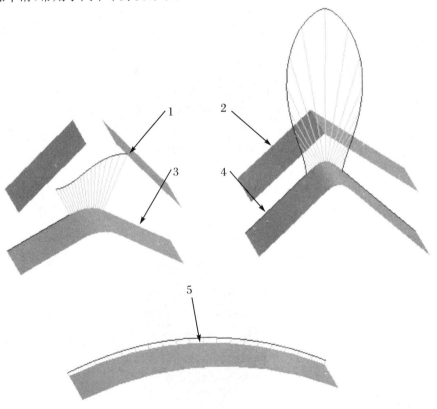

图 14.25　曲面连续

·G4 连接:曲率变化率的变化率连续,是比 G3 连接更加平滑的曲面连接方式,但是在视觉上分辨不出与 G3 连接的区别,不常使用。

14.6 实 战 练 习

根据图 14.26、图 14.27、图 14.28 的要求绘制模型。

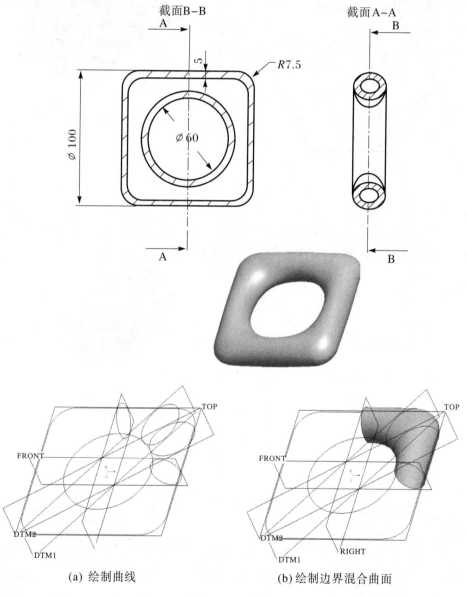

（a）绘制曲线   （b）绘制边界混合曲面

图 14.26 曲面 1

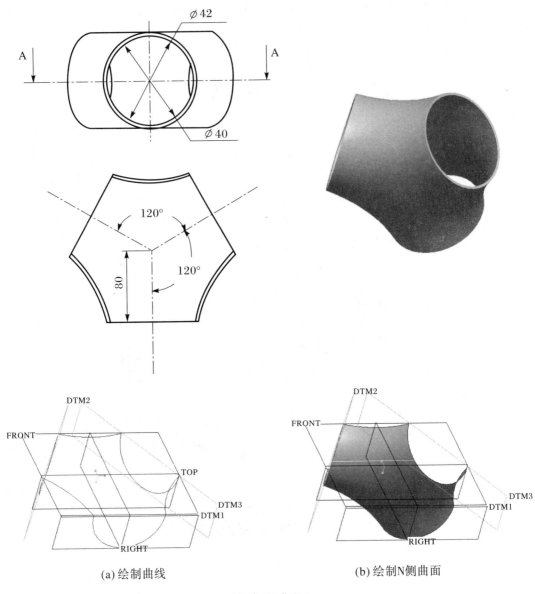

(a) 绘制曲线　　　　　　　　　　　　(b) 绘制N侧曲面

图 14.27 曲面 2

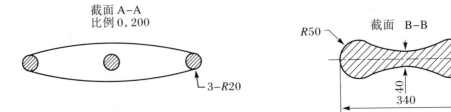

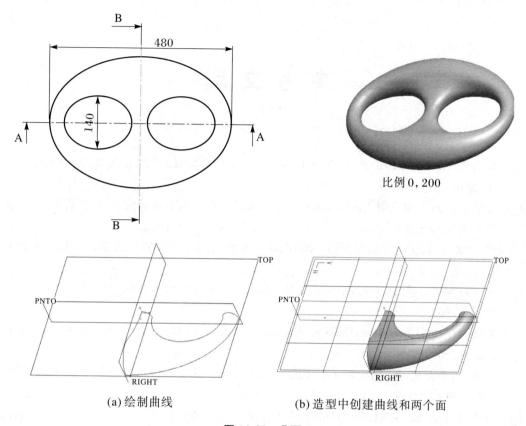

比例 0,200

(a) 绘制曲线   (b) 造型中创建曲线和两个面

图 14.28 曲面 3

参 考 文 献

[1] 二代龙震工作室. Pro/ENGINEER Wildfire 5.0 基础设计[M]. 北京:清华大学出版社,2010.

[2] 张军峰. Pro/ENGINEER Wildfire 5.0 产品设计与工艺基本功特训[M]. 北京:电子工业出版社,2012.

[3] 老虎工作室. Pro/ENGINEER Wildfire 中文版习题精解[M]. 北京:人民邮电出版社,2006.

[4] 王立新,安征,等. Pro/ENGINEER Wildfire 4.0 中文版标准教程[M]. 北京:清华大学出版社,2008.

[5] 朱强,洪亮,等. Pro/ENGINEER Wildfire 3.0 基础入门实例教程[M]. 北京:清华大学出版社,2007.

[6] 王咏梅,李大庆,等. Pro/ENGINEER Wildfire 3.0 基础入门实例教程[M]. 北京:清华大学出版社,2006.

[7] 林清安. Pro/ENGINEER Wildfire 5.0 中文版入门与手机实例[M]. 北京:电子工业出版社,2010.